Una mochila para el universo

Elsa Punset

Una mochila para el universo

21 rutas para vivir con nuestras emociones

DESTINO

Ediciones Destino, un sello editorial de Editorial Planeta, S. A.
Avda. Diagonal, 662-664, 08034 Barcelona (España)
www.edestino.es
www.planetadelibros.com

Adaptación de la cubierta: Booket / Área Editorial Grupo Planeta
Fotografía de la cubierta: © Philip and Karen Smith / Getty Images
Ilustraciones del interior: © Carles Salom
Primera edición en Colección Booket: enero de 2020
Primera edición en esta presentación: octubre de 2025

Depósito legal: B. 13.847-2025
ISBN: 978-84-233-6865-5
Impreso en España

Biografía

Elsa Punset es escritora, divulgadora y una de las voces más reconocidas en el ámbito de la inteligencia emocional y el crecimiento personal. Autora de varios *bestsellers* para adultos, como *Una mochila para el universo*, *El libro de las pequeñas revoluciones* o *Felices*, y también de otros para niños, traducida a más de quince idiomas y con millones de lectores en todo el mundo, combina una formación extensa en filosofía, humanidades y educación con una larga trayectoria en divulgación emocional. Este libro nace de su propia experiencia con el cambio, la pérdida y los nuevos comienzos. De su trabajo con miles de personas, de su escucha atenta y de una certeza profunda: todos necesitamos, en algún momento, una guía serena para volver a empezar.

www.elsapunset.com

Facebook.com/ElsaPunset/

@elsapunset

ÍNDICE

PRÓLOGO 15

CAPÍTULO UNO
«TE QUIERO PERO NO ESTOY ENAMORADO DE TI»
Claves para navegar por los afectos humanos

RUTA 1. ¿CUÁNTO AMOR NECESITAMOS?
Un abrazo de seis segundos 25
¿Cuántos amigos necesitamos para sentirnos bien? . . 33
Ventajas y peligros de ser cotillas. 37
RUTA 2. GESTOS QUE EXPRESAN Y CONSOLIDAN EL AMOR
Las etapas del amor. 41
¿Cuál es mi estilo amoroso?. 44
Claves para seducir en la primera cita 47
Por qué las parejas se mueren de aburrimiento ... 53
Regalos que no fallan 56
RUTA 3. LOS VALLES DEL DESAMOR Y DE LAS PÉRDIDAS
Las etapas del desamor y de las pérdidas 60

CAPÍTULO DOS
«ERES UN ESCLAVO Y NO LO SABES»
Cómo comprender los mecanismos que nos mueven

RUTA 4. LOS LABERINTOS DE LA MENTE
Sólo vemos lo que nos interesa ver. 71
No se puede vivir con miedo 80

Ruta 5. Tormentas y borrascas:
la gestión de las emociones negativas
Enfados: el secuestro emocional. 87
¿Nos satisface realmente la venganza? 92
Desescalando la escalera de la ira y de la venganza . . 93
La *Schadenfreude*: «Quiero que fracases» o por qué nos alegramos de la desdicha de los demás. . . . 95
Ruta 6. ¿Quieres cambiar de rumbo?
Estamos programados para cambiar: la plasticidad cerebral 97

Capítulo tres
LAS EMOCIONES SE CONTAGIAN COMO UN VIRUS
Recursos para manejar la diversidad y la empatía

Ruta 7. Los vientos que me mueven
Las emociones se contagian como un virus 110
Ruta 8. Un mundo enorme para tan poca cosa
¿Somos insignificantes? 116
Cómo superar el miedo al fracaso 120
Ruta 9. Pequeños refugios para retomar fuerzas
Sonríe aunque no tengas ganas 124
Buenas razones para reírse. 127
¿De qué sirve llorar? 132
Borra tu mal humor en noventa segundos 133
El ritual del sueño: trucos para dormir bien. 136
Anclajes: cómo revivir un estado emocional a voluntad. 141

CAPÍTULO CUATRO

EL LENGUAJE SECRETO DE LAS PERSONAS

Estrategias para comunicarnos sin rodeos con los demás

RUTA 10. SOMBRAS EN LA NIEBLA: EL LENGUAJE SECRETO DE LAS PERSONAS

Cómo pillar a un mentiroso... 154

Los secretos de los ojos 167

Los micropicores revelan mucho acerca de ti 170

RUTA 11. SALIR A LA LUZ DEL DÍA

Hablar en público 176

¿Cuánto se tarda en causar una primera impresión?: quince segundos 180

RUTA 12. SEÑALES DE HUMO PARA LLAMAR LA ATENCIÓN DEL RESTO DEL MUNDO

Lo que un apretón de manos revela de ti 186

Sí, sí, sí: cómo conseguir convencer a los demás en cuarenta y siete segundos 191

CAPÍTULO CINCO

LA BALANZA DE LA FELICIDAD

Apuestas por el bienestar emocional y físico

RUTA 13. LA FELICIDAD POR DENTRO

La balanza de la felicidad 201

La ratio positiva/negativa 211

RUTA 14. EL VIAJE INTERIOR

Vivir el presente 214

RUTA 15. LA FELICIDAD POR FUERA

Pero ¿qué le pasa al cerebro masculino? 220

El orden de nacimiento puede marcar tu destino 224

Ocho reglas del pulgar para padres de hijos afortunados 228

Errores que nos impiden estar en forma 233

Adelgazar engañando al cerebro 237

Capítulo seis

LA ESCUELA DE LA BUENA SUERTE

Cómo ser creativo, cambiar tu suerte y cumplir tus metas

Ruta 16. Atajos para vencer los cambios y la pereza

No nos gusta cambiar de opinión 247

¿Por qué nos da pereza ponernos manos a la obra? . . 253

Ruta 17. Alcanza las cumbres de la creatividad

Todos somos creativos. 257

Pon tus sueños a trabajar 268

Ruta 18. Caminos directos para encontrar la suerte y alcanzar tus metas

Puedes cambiar tu suerte... 271

Secretos definitivos para cumplir tus sueños 276

Capítulo siete

UNA MOCHILA PARA EL UNIVERSO

Códigos para descifrar y transformar tu vida

Ruta 19. Abrirse paso en la maleza

La gestión del estrés. 286

La paradoja de elegir: más es menos 294

Ruta 20. Los recursos de la naturaleza abundante

Las ventajas de ser agradecido. 300

Ruta 21. Un viaje ligero de equipaje

Vivir con atención plena 305

Una mochila para el universo 310

Agradecimientos 315

Para Alex y Tici, que me contagian con entusiasmo
tres elementos claves de la felicidad: amor, gratitud
y vivir en el presente con alegría y curiosidad
No me dejéis descansar nunca ☺

«He aprendido que puedes descubrir mucho acerca de una persona si te fijas en cómo se enfrenta a estas tres cosas: perder el equipaje, un día de lluvia y una ristra enredada de luces de Navidad.»

Maya Angelou

PRÓLOGO

He pasado un fin de semana catártico ordenando mi despacho. Ha sido una experiencia intensa que he compartido con mi hija de nueve años, que ha decidido que cuando sea mayor —si cabe— tendrá una empresa de limpieza. Y yo, que soy una madre liberal, he hecho un intento discreto para guiar esta vocación súbita e inesperada: le he hablado de la posibilidad de que lleve el control de calidad en la empresa de limpieza. «¿Control de calidad es que yo iré por las casas comprobando que el trabajo está bien hecho?», me ha preguntado con entusiasmo. De momento no confíen demasiado en la solidez de sus propósitos porque todo le interesa y se apunta a un bombardeo. La semana pasada, por ejemplo, quería reemplazar a Pablo Motos como directora de *El Hormiguero.** «¿Cómo que ya no existirá *El Hormiguero* cuando yo sea mayor?», exclamó incrédula cuando le sugerí esa posibilidad. Sospecho que no me creyó del todo.

Lo de la empresa de limpieza ha sido lo que se llama, en jerga diplomática, un daño colateral, porque en realidad ese día no nos interesaba limpiar sino encontrar un documento extraviado. Para ello tuvimos que abrir vie-

* *El Hormiguero* es el programa de televisión con el que ha venido colaborando la autora, en los últimos años, con elevados registros de audiencia. *(N. del e.)*

jas cajas polvorientas llenas de documentos, fotografías y ensayos universitarios tan intemporales como inútiles. Le presenté a Alex las caras y los nombres de mis viejos amigos, las calles y las casas en las que he vivido. No estaba segura pero me gustó compartir con mi hija parcelas de mi vida que ella ni sospechaba. Nos reímos contando anécdotas y lo que antaño me había parecido tan importante ahora era liviano. Después vaciamos casi todos los recuerdos en grandes bolsas de basura y los despedimos con alegría. Es la primera vez que he logrado hacer una limpieza a fondo del pasado sin sentir nostalgia, excepto algún atisbo que surgió ante determinadas fotografías y cartas, y que logré soplar suavemente como la llama de una vela. ¿Qué ha cambiado?

Creo que he sido yo. Yo he cambiado. De hecho, no creo que la Elsa de hace veinte años pudiera reconocerme hoy en día. Aquélla se enredaba en sus emociones y en las de los demás y allí pasaba mucho tiempo angustiada, dando palos de ciego. Antes, cuando una emoción o una experiencia eran incómodas, me resistía y me enzarzaba tozudamente en un monólogo interminable y agotador para intentar cambiarlas o negarlas, hasta que me quedaba sin aliento y sin fuerzas. No me dejaba traspasar, no confiaba, no me dejaba llevar a mejor puerto. No aprendía de mis errores ni me los perdonaba. Y cuando no podía más, cuando ya no cabía esperar, ponía las cartas o las fotografías en una caja como un tributo al pasado o a lo imposible. Eran un cordón umbilical que me ataba a ese pasado. Si lo piensan, era como tener un pequeño cementerio en casa.

Vivir obsesionado por el pasado o por el futuro es algo que se le da muy bien al cerebro humano adulto, experto en recordar y en prever. Sin embargo, las investigaciones revelan que vivir en el presente, aun en los actos más sencillos, como pelar una manzana o caminar, añade mucha felicidad a la vida de quienes lo intentan. Es algo que los niños, que tienen un cerebro más inmaduro, logran hacer con mayor naturalidad.

Vivir en el presente significa hacer un esfuerzo de valentía para no aferrarse a un montón de vivencias y realidades tristes o caducas. Cuando uno abandona lo conocido, las pequeñas costumbres, los pensamientos de siempre, de entrada hay mucha soledad. Cuesta confiar en que llegará algo nuevo que pueda alimentarnos en cuerpo y mente. La ironía es que sólo el que desbroza y confía puede volver a encontrar. Si no cambiamos nada, nada cambia. En el siglo XX aprendimos a sobrevivir físicamente, por fuera. En este siglo, frente a la avalancha de enfermedades mentales y emocionales que nos asedia, sin duda el reto será aprender los gestos y los mecanismos que consolidan nuestra supervivencia por dentro. De momento seguimos creciendo marionetas del complejo y poderoso conjunto de emociones que nos habita, nos mueve y nos arrastra hasta que las declaramos ciegas. Los ciegos somos nosotros, porque no hemos aprendido a comprender la fuerza de sus mandatos y por tanto nos vemos desbordados tantas veces por sus dictados.

¿Cómo le explicaríamos a una criatura recién llegada a la Tierra lo que nos mueve por dentro? Imaginemos que la bandada de pájaros migratorios que se llevaron al Principito de su pequeño planeta lo hubiese dejado caer a nuestros pies... ¿Cómo le ayudaríamos? En nuestra Tierra la vida es compleja, porque en vez de con una rosa y tres volcanes tenemos que lidiar con más de seis mil millones de generadores de emociones mezcladas en todas sus combinaciones de intereses cruzados que duelen y sobrepasan. ¿Cómo podemos manejarnos con eficacia por las redes humanas para comunicarnos, para ganarnos la vida, para disfrutar del amor, para tener amigos, para encontrar un sentido a nuestras vidas? No existe un manual de consulta sencilla que nos aclare lo que nos pasa por dentro, excepto aquellos que preconizan la renuncia, la represión o la resignación.

Afortunadamente, la vida es menos complicada de lo que tememos. Podemos asomarnos a los grandes principios de navegación que conforman las bases de una especie de meteorología de las emociones. Como las borrascas, las tormentas y los anticiclones, somos predecibles. Es fácil leernos y adivinarnos: no somos lo que decimos, somos lo que hacemos. La vida está hecha de palabras, de miradas y de pequeños gestos con los que tejemos día a día la red que nos envuelve. Basta con aprender a reconocer y a entender los mecanismos ocultos que nos mueven y los gestos y las emociones que nos delatan.

Para transformar nuestras vidas y nuestras relaciones no necesitamos tanto como creemos: en una mochila ligera cabe lo que nos ayuda a comprender y a gestionar la realidad que nos rodea. Aunque haya una cierta resistencia a reconocerlo, todos somos psicólogos en potencia, porque la vida nos dota a todos de un cerebro que alberga las intuiciones de lo que necesitamos para vivir. En la televisión, en la radio y en la prensa escrita, aprendí que se puede hablar de la vida y de las emociones que la mueven sin pretensión ni opacidad, con palabras transparentes y sencillas como barras de pan.

Con estos mimbres he recopilado esta pequeña guía, concreta y sencilla, llena de las rutas variadas que transitan por la geografía de las emociones humanas, para facilitar la comprensión de lo que nos rodea, conocer la importancia del afecto en las relaciones con los demás, descubrir que es mucho más lo que nos une que lo que nos separa, encontrar formas eficaces de comunicarnos, gestionar la relación entre el cuerpo y la mente, potenciar el caudal de alegría que encerramos, organizarnos para lograr fijar y cumplir nuestras metas y ayudar al cerebro humano a contrarrestar su tendencia innata a la supervivencia miedosa y desconfiada. He querido entregar al lector una pequeña llave que potencie su capacidad para el optimismo independiente, inteligente y creativo. Ojalá desde estas páginas, con humor, amor y alegría, pueda acompañar a mis lectores en el viaje ineludible y mágico de la vida.

CAPÍTULO UNO

«TE QUIERO PERO NO ESTOY ENAMORADO DE TI»

Claves para navegar por los afectos humanos

Una de mis amigas se acaba de separar. A este paso, y sobre todo después del verano —al parecer es una de las épocas propicias para ello—, sólo me quedarán un puñado de amigas que *no* se hayan separado. Algunas lo hacen con una resignación más o menos estoica, mientras otras lo pasan francamente fatal. A veces, cuando logran superar en algún grado la angustia de la separación, me dicen que se han vuelto a enamorar. Entonces me echo a temblar y con poco tacto y nulo sentido de la oportunidad, suelo exclamar: «¿Otra vez? ¿Estás segura?». Es que no sé qué pensar. Lo llaman, al parecer, «monogamia sucesiva», algo que, a tenor de lo visto, fácilmente puede convertirse en el arte de tropezar muchas veces en la misma piedra. En cualquier caso, como toda corriente sociológica que se precie, la monogamia sucesiva tiene sus biblias, y una de ellas es un libro francamente divertido, *Come, reza, ama* (lo recomiendo con entusiasmo aunque se esté felizmente casado). Su autora, Elizabeth Gilbert, es una mujer que literalmente quiso morir cuando se separó, tanto que no tuvo más remedio que diseccionar la vida que le tocaba arrastrar mañana tras mañana para hallar nuevas razones por las que vivir. Para ello no escatimó esfuerzos y recorrió incansablemente Italia, la India e Indonesia a la búsqueda de sabores, olores y sensaciones que pudiesen colmar su vacío. Sin duda, y eso sí que lo tengo meridianamente claro tanto si se está casado como separado, vivir con pasión y con intensidad es lo que toca. Lo otro sería caer en la desgracia que describía un poeta: «Morir a los veinte, aunque no nos entierren hasta los noventa».

Pues bien, les adelanto un secreto: Elizabeth centró intuitivamente sus esfuerzos por vivir en estos ámbitos: comer, rezar y amar. Y la verdad es que, habiendo meditado muchas de las sugerencias de los filósofos más avezados de nuestro olimpo intelectual de los últimos milenios, debo reconocer que admiro la sensatez espontánea de Elizabeth. Ha resumido en estas tres palabras, que dan título a su libro, toneladas de sabiduría. Incluso el orden de su tríada del buen vivir tiene sentido: primero, cuidar del cuerpo físico, encarnarse, alimentarse, *comer*. Después, *rezar* en su sentido más amplio, es decir, comprender y soñar hasta encontrar aquello que dota de sentido a cada vida, algo que expresa admirablemente el cosmólogo Stephen Hawking, cuyo espíritu florece mientras su cuerpo sobrevive en una silla de ruedas: «Sólo somos una raza avanzada de monos..., pero podemos comprender el universo». Por último, con el cuerpo y el espíritu saneados, al fin podremos *amar*, es decir, comunicarnos y fundirnos con el resto del mundo.

¿En qué escalón de esta búsqueda vital se encuentra mi respetable lector? No me vengan los descreídos y los desganados, parapetados tras su soledad o tras un fino halo de persistente cinismo, a asegurarme que nada de esto forma parte fundamental de su vocabulario diario. O no me digan entonces que viven, sino admitan más bien que malviven, porque ésa es precisamente la paradoja: que aunque no pronunciemos estas palabras, cada célula de nuestro ser las reclama a gritos. Necesitamos comer, soñar y amar como el aire que respiramos. Es éste el mismísimo aliento de la vida, lo que distingue sin remedio a los vivos de los muertos.

Les invito pues a escribir en la arena, en un papel o en un rincón de sus cabezas, cómo serían sus vidas si pudiesen —que por cierto, *sí que pueden*— describir su vida soñada. ¿Dónde estarían ahora mismo? ¿Qué trabajo, qué labor o misión llevarían a cabo? ¿Quién y quiénes estarían a su lado? El guión de esta vida ideal debería parecerse lo más posible a su vida real. Como los escultores que cincelan con paciencia y pasión una figura soñada en un bloque de granito, cada persona que cruza la Tierra debe luchar por hacer realidad aquello que forma parte de su ser esencial. Se nos haría larga, muy larga la travesía del día a día si perdiésemos en el camino la sabiduría profunda del buen comer, soñar y amar.

RUTA 1. ¿CUÁNTO AMOR NECESITAMOS?

*Un abrazo de seis segundos**

La piedra de toque de este libro, su arranque y su inspiración, es el amor. Ninguna vida se conforma sin una referencia constante al amor. Ningún sentimiento es más determinante en nuestras vidas, ninguno tiene un impacto más radical en nuestra capacidad de ser felices, ninguno

* Éste fue el título de uno de los programas más populares y gratificantes de nuestra sección de *El Hormiguero*. Tras una reflexión sobre cuánto amor necesitamos los humanos, aquella noche le recordamos a los telespectadores que si no nos tomamos el tiempo suficiente para vernos y sentirnos, no podremos expresar ni recibir amor. El mensaje de que cada abrazo debe ser sentido, que hemos de dar su tiempo a las muestras de afecto, me ha rodeado literalmente desde entonces gracias a los testimonios espontáneos de novios, padres y madres que abrazan a sus hijos, nietos que abrazan a sus abuelos o desconocidos que me piden un abrazo recordando aquella sección luminosa.

justifica las inmensas redes sociales, las responsabilidades, los anhelos y los deseos que pesan sobre las personas desde que nacen hasta que mueren. El amor nos guía, nos da esperanza, nos entristece y nos mueve por encima de todo.

A través de los continentes y de las culturas, el amor es la vida a la búsqueda de más vida, de creatividad, de refugio, de placer, de ternura, de protección, de seguridad. Del cóctel de todas esas necesidades, a veces contradictorias, sobresale la batalla interna de cada persona entre la necesidad de autonomía y la necesidad de intimidad. No siempre necesitamos el mismo amor, ni con la misma intensidad. Pero al final, sea cual sea el color del amor en nuestras vidas, hay que encontrarle una salida, una forma de expresarse, un lugar en el que enraizarlo.

Las rutas que atraviesan nuestra necesidad de amor y de afecto son las grandes rutas de nuestras vidas, unas arterias principales que recorren nuestra geografía y que hemos de mantener abiertas, limpias de maleza, transitables, asequibles para el resto del mundo. Por esas rutas tenemos que lograr que circulen oxígeno y agua, que broten flores y plantas, que haya lugares de refugio para resguardarse de las tormentas. Como no podemos gestionar ni transformar lo que no comprendemos, en estas páginas dedicadas al amor he querido mostrar varios de sus mecanismos más comunes, para que los lectores puedan despejar dudas o adoptar estrategias que les ayuden a cohabitar y a transitar más armónicamente por este sentimiento escurridizo, fluido e imprescindible.

Pero antes de seguir, unas palabras acerca de los cimientos del amor: la empatía.

Durante las docenas de programas de *El Hormiguero*, creo que logré no pronunciar casi nunca la palabra «empatía». Aludí a ella, sin embargo, docenas de veces, porque es uno de los cimientos del amor en cualquiera de sus expresiones. Y uno de los mecanismos concretos que subyacen en nuestra extraordinaria capacidad de empatía —de ponernos en la piel de los demás, de sentir por ellos— son las neuronas espejo. Si bostezas, si bebes agua, si te agachas para recoger una zapatilla, tus neuronas —las células de tu cerebro— se encienden y se conectan. Pero las neuronas espejo hacen algo aún más especial: se encienden sólo con ver a los demás hacer cualquier cosa, y también nos hacen sentir lo que ellos sienten. Allí radica no sólo nuestra capacidad de empatía sino también la simpatía, la compasión, la conciencia, la colaboración, la mala conciencia y el sentimiento de culpabilidad... La mirada y el sentimiento de los demás nos enciende y nos conecta. No estamos preparados para estar solos, sino para estar conectados.

El mecanismo de la empatía encierra una cierta paradoja, ya que tendemos a sentirla más fácilmente por aquellos que se parecen más a nosotros. Los parecidos y la convivencia refuerzan los mecanismos de la empatía. Probablemente una de las señales de la sofisticación moral y de la capacidad de compasión de una civilización sea lograr ensanchar los círculos de empatía. Amar fuera del clan, respetar y ponerse en la piel de personas de culturas, razas, género, edad o creencias diferentes a las propias requiere una empatía mayor que cuando amamos o respetamos a alguien de nuestra misma tribu.

La historia nos nuestra claramente que luchamos desde hace siglos para abrir nuestros círculos de empatía hacia las personas de nuestra propia especie. En las próximas décadas lograremos sin duda mostrar mayor empatía y respeto también por otras especies a las que hoy en día seguimos tratando, en muchos casos, con crueldad. Veamos un ejemplo concreto que muestra la necesidad de tantas especies de recibir afecto.

- Los experimentos del doctor Harlow.

Desde que nacemos, todos los primates, humanos y no humanos, tocamos a nuestras madres de muchas formas distintas. Unos experimentos clásicos en los años sesenta empezaron a sugerir que necesitamos sentirnos seguros y amparados, es decir, conectados con los demás, por encima de todo. El responsable de los experimentos fue un psicólogo norteamericano bastante siniestro llamado Harry Harlow, que retiraba a unos monitos de sus madres y los enjaulaba con madres «mecánicas».* En las jaulas había una madre de tela y otra de alambre. Las dos «madres» eran muy poco atractivas, pero la de alambre tenía un dispositivo por el que se podía beber leche. Sin embargo, los monitos, asustados y desamparados, elegían pasar veintidós horas al día cerca de la madre de trapo y sólo acudían a la madre de alambre para alimentarse. Algunos monitos, obligados por el experimento, crecían sólo con la madre de alambre: digerían peor la leche y tenían sistemas inmunológicos más débiles. Esto resultó muy llamativo en una época en la que se decía que el contacto físico entre niños y adultos malcriaba y estropeaba al niño y que las emociones tenían poco peso real en la vida de la gente, frente a las necesidades fisiológicas. Ahora sabemos a ciencia cierta que, por encima de la pura supervivencia, sólo florecemos si nuestras necesidades emocionales, en especial la necesidad de protección y afecto, están atendidas.

* Hay un vídeo de las jaulas de monos de Harlow en http://videosurf.com, buscando por «food or security»

- ¿Cuánto amor necesitamos?

Cuarenta millones de años de evolución aseguran que necesitamos tocarnos los unos a los otros. Tenemos la necesidad, nunca lo bastante reconocida y atendida, de sentirnos físicamente. Tocarnos y mirarnos es algo profundamente programado, pero para conectar con los demás hacen falta tiempo y ganas. Sospecho que muchos de nosotros no solemos tocar a los demás ni nos tocan como necesitamos, sintiendo física y emocionalmente a las personas que queremos. Los demás primates pasan mucho tiempo acicalándose recíprocamente y tocándose. La especie humana, en cambio, tiende a limitar el contacto físico al ámbito sexual. Podemos recordar lo bien que sienta tocarse con un sencillo ejercicio: durante veinte segundos, con los ojos cerrados y como si fuésemos primates, palpemos nuestras caras y manos. Este ejercicio puede hacerse solo o en compañía de otras personas.

- ¿Cómo puedo saber cuándo logro conectar realmente con los demás?

Cuando conectamos de verdad con los demás somos capaces de observarnos, de comprendernos y de aprender a través de esta observación. Conectar es absorber algo de la otra persona, y eso requiere una atención especial.

- ¿Qué sentidos importan más para conectar con los demás?

Los sentidos que más pesan cuando conectamos con los demás son la vista, el tacto y el oído: ver, tocar y escuchar, en este orden. El órgano más importante para tocar a los demás es la piel. Para sentir, las manos, seguidas de cerca por los labios y la lengua. La piel de las manos es especialmente sensible, ya que tiene un sistema nervioso capaz de detectar el dolor, el tacto y la temperatura.

¿Por qué es tan importante el tacto para sentir al otro? Cuando nos tocan, nos relajamos y baja el cortisol, la hormona del estrés. Tal vez por ello los humanos pagamos dinero para masajes y cuidados similares, aunque nos los den completos extraños.

- ¿Y las redes sociales? ¿Sirven para conectarse?

Depende, porque para comunicarse y conectar con otra persona necesitamos tiempo de calidad. Es difícil conectar sin tocarse ni mirarse. Por ello determinados usos de las redes sociales no bastan para satisfacer nuestra necesidad profunda de contacto físico y emocional con las personas.

- ¿Qué impide que podamos conectar con los demás?

Por encima del contacto físico, lo que puede impedirnos conectar con los demás es la falta de atención. Para interrumpir nuestra extraordinaria capacidad para empatizar, esto es, ponernos en la piel del otro y sentir por esa persona, basta con interrumpir la conexión. Por tanto la indiferencia o la falta de tiempo suelen dinamitar las relaciones entre las personas. A modo de ejemplo, vamos a relatar un conocido experimento que se llevó a cabo en la Universidad de Princeton.

El estudio partió de la observación de cuarenta seminaristas que, a modo de examen, tenían que dar un sermón. A la mitad de los seminaristas se les asignó un tema al azar y a la otra mitad se les pidió que hablaran sobre la parábola del Buen Samaritano, que se narra en el evangelio de San Lucas y que habla de que sólo un extraño se brindó a ayudar a un pobre hombre en apuros, mientras todos los demás le ignoraban. Para dar su sermón, los seminaristas tenían que cruzar un patio de la universidad camino del aula del examen. En el patio había un hombre que gemía, tirado por el suelo, aparentemente desesperado. El hombre era un actor, pero los seminaristas no lo sabían. Tan sólo veinticuatro de los cuarenta seminaristas tuvieron a bien pararse para socorrer a ese hombre. Los demás pasaron de largo. Los que se pararon no fueron los que llevaban preparado el sermón sobre el Buen Samaritano, sino los que iban con menos prisa. Es decir, que para conectar, ¡hay que tener tiempo! La falta de tiempo, sin embargo, es un problema que hoy en día arrastramos constantemente.

- ¿Por qué es importante tomarme tiempo para poder relacionarme con los demás?

Estamos biológicamente programados para sentir a los demás, y por tanto para querer ayudarlos. Pero cuando corremos por la calle de una gran ciudad o cuando nos conectamos a la red a toda prisa es casi imposible sentir empatía. De hecho, la gente es capaz de pasar de largo en determinados trechos de las grandes avenidas urbanas aunque vea cómo están robando a otras personas. ¿Por qué parecemos de repente tan fríos? Pues porque para conectar necesitas mirar y sentir al otro, darle ese tiempo. Si pasas de largo deprisa tu cerebro prácticamente no se involucra y te da la señal de que el problema de la otra persona no va contigo. Es un mecanismo que nos ayuda a no cargar con todos los problemas del mundo, aunque puede ser tremendo porque podemos terminar conviviendo con grandes injusticias sin mover un dedo, simplemente porque estamos desconectados.

- ¿Cuánto tardamos en conectar, en dejar que broten las emociones que nos vinculan a los demás?

Tardamos sólo unas décimas de segundo en reaccionar ante estímulos evidentes, como presenciar que otra persona sufre un accidente. Pero tardamos mucho más, entre seis y ocho segundos, en poder sentir determinadas emociones por los demás, como por ejemplo la admiración. También necesitamos tiempo para tomar una decisión moral que tenga que ver con la justicia o con el deber.

- ¿Y en los telediarios?

Allí el tiempo que se presta a cada noticia es muy corto, y eso dificulta que podamos ponernos en la piel de los demás, conectar con esa noticia y reflexionar acerca de ella. El sentido de la emoción, del sentimiento, es conectarte con el otro, expresarte, comunicarte. Cuando «apagas y enciendes» el sentimiento sin tomarte el tiempo de darle su valor, éste pierde su sentido.

Para sentir al otro, para dar la oportunidad de que las emociones de los demás, sus problemas y sus alegrías nos lleguen, tenemos que darles tiempo y, si es posible, utilizar los sentidos. Quisiera recomendar un gesto que tenemos muy a mano para conectar con los demás que nos hará sentir mucho mejor. Vamos a practicar darnos un abrazo de verdad, de los que ayudan a mejorar la salud física y mental de niños y mayores.

- ¿Cuánto debe durar un abrazo?

Un buen abrazo tiene que durar al menos seis segundos, para que pueda consolidarse el proceso químico correspondiente en el cerebro. Se puede abrazar el cuerpo entero de las personas, frente a frente, o sólo de lado.

El abrazo comunica que no hay miedo, por lo que la actitud es importante. Hay que mirarse y conectar antes de abrazarse. Y, por supuesto, nunca abraces a alguien si no quiere ser abrazado por ti...

Conectarse sin emoción es como no estar conectados. El abrazo nos hace sentir bien, alivia la soledad, ayuda a superar el miedo... Y no hay que olvidar que las personas que abrazan envejecen más despacio. En casa, en el coche, en la calle, si estás con un amigo, con tus hijos, tus padres, tus abuelos, los vecinos... Recuerda cada día que un abrazo verdadero, de al menos seis segundos, es una gran terapia para todos.

¿Cuántos amigos necesitamos para sentirnos bien?

- ¿Es cierto que los humanos vivimos en redes sociales más amplias que las de las demás especies?

Sí. Se ha comprobado que en el resto de los seres vivos existe una relación entre la cantidad de relaciones que mantienen entre ellos y el tamaño del cerebro. Los pájaros más promiscuos tienen cerebros más pequeños, tal vez porque no tienen tantas habilidades sociales. El cerebro humano, en cambio, consume mucha energía —un 20 por ciento del consumo de la energía total de nuestro cuerpo—, y ello se relaciona con la necesidad de gestionar redes sociales muy complejas: amantes, familias, amigos, compañeros... Vivimos rodeados.

- ¿Hay algún límite a la cantidad de personas con las que podemos relacionarnos?

El máximo número de relaciones que nuestro cerebro consigue mantener de forma simultánea es de ciento cincuenta, una cifra denominada «número de Dunbar», en homenaje al antropólogo y biólogo evolucionista que investigó estas cuestiones, Robin Dunbar. De estas ciento cincuenta relaciones, hay un núcleo íntimo de entre cinco y doce personas que son con las que tenemos un trato más intenso, a las que se añade otro grupo de unas cien personas adicionales con las que hablamos, de media, una vez al año.

- ¿Podemos llamar «amigos» a los cientos o miles de contactos que tenemos a través de las comunidades virtuales de internet?

  Dunbar dice que no se puede llamar amigos a tus contactos virtuales, porque más allá de ciento cincuenta personas apenas puedes saber nada de ellos. Facebook, por ejemplo, utiliza la palabra «amigo» en un sentido muy amplio: es un cajón de sastre donde caben los conocidos, las personas con las que puedes tener alguna afinidad, los amigos de los amigos, los viejos enemigos, lo que llaman «*frenemigos*» (por ejemplo, el chaval que te martirizaba en el cole cuando eras pequeño y que ahora quiere ser tu «amigo» en internet)... En Facebook podrían haber utilizado la palabra «contacto», sería más sincero aunque suene peor, algo así como cuando dices amor y quieres decir sexo. Así que embellecemos un poco el nombre para hacerlo más atractivo. ¿Quién va a negarse a tener mil trescientos amigos? Recordemos que lo que las personas quieren de verdad es afecto y amor por encima de todo, incluso del sexo.

  Por otra parte, me parece que el uso de la palabra «amigo» refleja una tendencia actual, que creo que es positiva, a estar más abierto a los demás, a no exigir tanto antes de poder conocer a personas nuevas. Es la marca de una sociedad más plural, más abierta.

• ¿Cómo te haces amigo de alguien?

Probablemente te cueste mucho más que a un niño. Fíjate con qué facilidad se hacen amigos los niños: utilizan el método sencillo, pero fundamental, de estar abiertos a los demás y de pedir compañía sin falsas vergüenzas. No ponen tantas defensas como los adultos. Los mayores nos pasamos la vida esperando que los demás den el primer paso, y eso acarrea mucha soledad. El método infantil de decir abiertamente «quiero ser tu amigo» es recomendable, pero un amigo requiere, además del deseo de tenerlo, una conexión emocional. No se trata de estar cerca físicamente, sino de sentirse emocionalmente conectado: conoces al otro, sabes quién es de verdad, qué le importa, qué le hace feliz. La admiración o el deseo no bastan: la intimidad, en algún grado, es necesaria para tejer vínculos entre dos amigos.

• ¿Todos nos sentimos solos?

Es un sentimiento universal, y por ello buscamos amparo y afecto en los demás. Concretamente, los estudios dicen que las personas suelen sentirse solas una media de cuarenta y ocho días al año y que cada amigo reduce tu soledad unos dos días al año.

• ¿Es mejor que te toque la lotería o tener un amigo feliz?

Si dispones de unos trece mil euros adicionales al año, aumenta tu felicidad un 2 por ciento. ¡Compara esto con el 15 por ciento de felicidad que te aporta un amigo feliz! Es fortísimo el poder de la amistad y del amor en nosotros. Se ha demostrado que cuando alguien muere en una pareja, las probabilidades de que el viudo o viuda mueran aumentan. Y este impacto que tienen los demás en nosotros no se reduce sólo al grupo íntimo, sino que se ha comprobado que si el amigo del amigo de tu amigo engorda, tú también engordas. Si esa persona deja de fumar, tú también lo harás. Son efectos de contagio que se verifican en las estadísticas, lo llaman «la regla de la influencia de los tres grados». Recuerda: una persona tiene un 15 por ciento más de posibilidades de ser feliz si está directamente conectada a una persona feliz. Y cada amigo infeliz reduce tus posibilidades de ser feliz un 7 por ciento.

- ¿Cuántos amigos necesitamos para ser felices?

Nos sentimos cómodos y más felices si tenemos entre cinco y doce amigos o relaciones cercanas. Es algo así como nuestro núcleo íntimo. Lo malo es que en general este núcleo envejece mal, porque vamos perdiendo personas queridas a lo largo de la vida. Habría que hacer un esfuerzo consciente para que este núcleo no disminuya. No podemos reemplazar a quienes perdemos pero podemos estar abiertos a tener más relaciones de afecto y amistad, como los niños, y no encerrarnos en pequeños grupos afectivos rígidos que menguan y nos dejan sensación de vacío, de dependencia y de soledad.

- ¿Cómo puedo agrandar mi círculo íntimo y tener más amigos, sin depender sólo de internet?

Una solución es diversificar tu vida social y afectiva para que no estés enganchado a una sola fuente de afectos. Amplía tus intereses y equilibra tus relaciones virtuales con reuniones físicas de antiguos alumnos; acude a conferencias y charlas; apúntate a grupos con los que compartas aficiones, viajes o deporte; haz voluntariado, o lo que sea que te ayude a disfrutar más de la vida y a generar oportunidades. Sé activo en este sentido, recupera la mirada de un niño y no te cierres a la posibilidad de ampliar tu círculo. Prácticamente todas las personas que están allí fuera están deseando hacer lo mismo, aunque la mayoría no se atreva. No dejes que la ansiedad o la timidez te aíslen del resto del mundo. ¡Sé valiente!

- ¿Por qué me gusta tanto estar pendiente de mis contactos y amigos por internet?

  Las investigaciones apuntan que revisar los mensajes de Twitter o de Facebook y responder a un e-mail podría causar más adicción que el alcohol o el tabaco. Esta adicción es aún más tentadora, dado que no tiene coste ni efectos secundarios evidentes y alivia sin embargo nuestra necesidad apremiante de pertenecer a un grupo y de recabar información. Como veremos a continuación, la tentación de saber qué pasa a nuestro alrededor es otra necesidad atávica muy difícil de resistir...

Ventajas y peligros de ser cotillas

Los humanos pasamos dos terceras partes de nuestras vidas de cotilleo, es decir, que cotilleamos más que dormimos o comemos... ¿Por qué lo hacemos? En este caso una imagen vale más que mil palabras: piensa en cómo los demás primates se sacan las pulgas. Tal vez lo hagan porque no tienen tanta facilidad como nosotros para hablar. Robin Dunbar tiene claro que los humanos cotilleamos porque tenemos grupos sociales más amplios que los de los demás primates, así que hemos tenido que desarrollar un método eficaz para estar en contacto con el resto del mundo. Y nuestra alternativa humana es el habla.

- ¿Cómo aprendemos a hablar?

Adquirimos de forma instintiva trece mil palabras en los primeros seis años de vida y hasta sesenta mil cuando somos adultos. Es lo que llaman el «instinto del lenguaje». En comparación, los perros no entienden más de ciento cincuenta palabras. Los humanos utilizamos el habla, y más concretamente el cotilleo, como una forma rápida de diseminar y de recibir información a lo largo y ancho del mundo. Por ello, instrumentos como Twitter, que son una forma de cotilleo planetario, responden perfectamente a nuestra necesidad de estar conectados e informados.

- ¿Por qué nos importa tanto enterarnos de lo que saben y lo que piensan los demás?

Lo tenemos programado en los genes. Creemos que necesitamos a los demás para que nos protejan, para que nos quieran, para enterarnos de los peligros y de las oportunidades que hay, y en este sentido el cotilleo nos ayuda a sentirnos aceptados e informados. ¡De la información depende tal vez tu supervivencia! De hecho, cuando en los grupos humanos como las oficinas queremos excluir a alguien, ¿qué hacemos? Excluimos a esa persona del cotilleo. Es muy doloroso para la gente excluida, porque cuando nos sentimos aislados y rechazados se nos encienden todas las alarmas, ya no sabemos dónde acecha el peligro o qué oportunidad nos vamos a perder... Es de lo más cruel que se le puede hacer a alguien.

- Así que el cotilleo tiene una parte oscura...

Claro que la tiene, porque es muy poderoso. Puedes utilizar el cotilleo para sentir que perteneces y para forjar alianzas estratégicas. Tú me das información y yo te doy más información a cambio: ¿Quién es la amante del jefe? ¿Qué acciones van a subir en bolsa? ¿Qué tienda vende los tomates más baratos? A través del cotilleo puedes intercambiar información útil, pero también puedes utilizar información o inventarla para machacar la reputación de alguien, tal vez alguien que es un rival o al que detestas por pura envidia...

Afortunadamente los humanos somos perceptivos y pasa algo curioso con las personas que hablan mal de los demás: cuando eres un cotilla negativo, alguien que utiliza la información para hacer daño, el asunto se te puede volver en contra. Resulta que si hablas mal de los demás la gente puede acabar fácilmente achacándote los defectos que reprochas a otros. Una segunda buena razón para evitar decir cosas negativas de los demás es que se ha comprobado que las personas que cotillean para hacer daño suelen tener altos niveles de ansiedad y no son populares porque no son de fiar.

En el fondo la maldad tiene un precio alto porque estamos programados para el amor, para compartir y para comprender. Así que es mejor reemplazar la necesidad de cotillear por un acto de amabilidad o de cariño. La ansiedad y la necesidad de pertenecer que todos llevamos dentro se calma mucho mejor así. Vamos a ver qué gestos concretos pueden ayudarnos a expresar y a consolidar nuestra necesidad de afecto.

Ruta 2. Gestos que expresan y consolidan el amor

Muchas de las consultas al psicólogo tienen que ver con historias afectivas dolorosas que el paciente podría haber evitado con un poco de madurez emocional y de comprensión. El amor es uno de los grandes patrones emocionales que rigen nuestras vidas y dicta ámbitos tan fundamentales como nuestra capacidad de relacionarnos con los demás, la forma de sentir acerca de nosotros mismos o cómo nos valoramos. Este patrón se conforma en los primeros años de vida, cuando aún dependemos de que los demás nos digan cuánto amor merecemos y cómo hemos de amar. Aprendemos a amar de forma automática, observando a los adultos que nos rodean, registrando sus palabras y experiencias acerca del amor, sintiendo cómo nos aman, cómo nos rechazan, qué desaprueban y qué esperan de nosotros. ¿Qué te dijeron acerca del amor? Esa pregunta merece que le demos una respuesta sobria y objetiva porque esa es la mochila afectiva que cada uno arrastra desde la infancia.

Por todo ello el amor es más que una simple emoción: es un complejo y poderoso sistema de motivación, una fuerza que nos guía y nos propulsa en la vida diaria. A veces dependemos tanto de los beneficios del amor, de la seguridad que nos aporta, que lo desvirtuamos y forzamos nuestras relaciones en acuerdos inflexibles y dependientes que ahogan a quienes los soportan. Podemos cuestionar y transformar ese patrón emocional a base de reflexión y esfuerzo. Merecerá sin duda la pena, porque estaremos transformando algo esencial que cambiará nuestra forma de sentir y de relacionarnos a cada momento.

Sin embargo, cuestionar nuestra forma de amar no nos resulta fácil, porque ni en las escuelas ni en casa nos enseñan a comprender el poder del amor, los estragos que su ausencia provoca, cómo expresarlo, a qué responde, cuánto amor necesitamos o qué sacrificios requiere, si es que hubiera que hacerlos... No desgranamos desde pequeños el extenso vocabulario del amor, sus matices, sus lealtades, sus ausencias, sus espinas, sus trampas, sus dependencias. Aunque el amor sea el motor de la vida de las personas psíquicamente sanas, no aprendemos a comprenderlo y a amaestrarlo, a distinguir sus etapas y entender su química. Porque el amor no es ciego, sino que tiene etapas muy definidas.

Las etapas del amor

Asegura el psiquiatra y escritor Andrew Marshall que si hasta hace pocos años el matrimonio era la piedra de toque de una sociedad dispuesta a que sus individuos mantuviesen el tejido social a cualquier precio, ahora rige el convencimiento de que los adultos tienen derecho a tener experiencias afectivas plenas a lo largo de toda su vida. El problema que ve Marshall es que el indicador que utilizamos para medir la vigencia de nuestras parejas ya no es el afecto o el amor, sino el enamoramiento. Y que el grito de guerra que más escucha en su consulta es: «Te quiero..., pero no estoy enamorado de ti». ¿Y qué diantres puede contestar el otro ante semejante reproche?

- ¿Es cierto que el enamoramiento se parece a una enfermedad compulsiva?

A mí, de entrada, la simple idea de estar enamorada como el primer día me agota, literalmente. Me dan la razón los estudios más rigurosos, que afirman que el enamoramiento se parece como una gota de agua, químicamente y por sintomatología, a un desorden obsesivo-compulsivo. Sospecho que la única razón por la cual no han catalogado el enamoramiento como enfermedad común es porque no pueden encerrarnos a todos.

- ¿De qué sirve enamorarse?

El enamoramiento es un proceso puñetero pero que puede resultar útil de cara a la transformación y al aprendizaje personal. Es el momento, tal vez uno de los pocos, en que logras hacerte vulnerable, y por tanto abierto al cambio. El precio a pagar puede ser alto, porque a la naturaleza le importa muy poco que sufras o no: sólo quiere asegurarse de que, desafiando el sentido común, dos personas formen un nido en el que criar a un par de ejemplares de la especie humana. Y casi todos picamos, sin tener en cuenta que el amor tiene etapas y que, aunque cueste creerlo, todas podrían ser interesantes.

- ¿Cuál es la primera etapa del enamoramiento?

La piel de plátano en la que resbalamos para iniciar el proceso del enamoramiento se llama «limerencia». Aquí nos sentimos de repente libres como el aire, gran paradoja, porque es justo entonces cuando nos ponemos la soga al cuello. En esos meses iniciales te acicalas, te obsesionas, fantaseas y sientes un deseo compulsivo de fundirte con el otro. Sospecho que es un proceso universal que resulta muy popular porque parece la respuesta a la plegaria con la que nacimos: «Tengo miedo, no quiero estar solo, quiero que me quieran».

- ¿Y cuando el enamoramiento acaba?

Superado ese trance patológico viene la sensatez, lo que Marshall denomina el establecimiento del vínculo amoroso. La diferencia entre la limerencia y el vínculo amoroso es sencilla: la primera, al ser una estrategia interesada de la naturaleza, funciona sola. No hay que hacer nada, sólo dejarse llevar por las promesas del amor eterno. En cambio, el vínculo amoroso necesita cuidados y esfuerzos continuados. Y a veces, atosigados por las preocupaciones y el cansancio diarios, nos descuidamos..., hasta que el vínculo amoroso se transforma en simple afecto. Ahí empiezan los problemas, porque el afecto es perfecto para los hijos y para los amigos, pero no es suficiente para la pareja. La pareja necesita que mantengamos vivo el vínculo amoroso.

- ¿Cómo mantengo vivo el vínculo amoroso?

Básicamente se trata de recuperar dos elementos: la conexión emocional y el contacto físico. ¿Recordáis cuando flotábamos, eufóricos, en la etapa de la limerencia? Podíamos pasar horas mirando, tocando y sintiendo al otro, sin más. *Ése* es el alimento del amor duradero.

- ¿Existen trucos para recuperar esa conexión?

Sí. Ahí van algunos: de entrada, volver a escuchar a la pareja de forma que se sienta *escuchada,* no solo *oída*; ello implica parar el tiempo e interesarse de corazón por el otro. Ser generosos en lo grande y en lo pequeño, como cuando todo lo queríamos compartir con el otro. Reavivar el placer sencillo del contacto físico: caricias, miradas, abrazos... Y también derrochar a conciencia sentido del humor, porque la risa y la sonrisa son una fuente de alegría cómplice, fantástica y gratuita.

Para los más decididos, Marshall sugiere un ejercicio que puede dejar atónitas a nuestras parejas pero que al parecer resulta muy eficaz: hay que mirar al otro a los ojos, sin decir nada, durante unos minutos, todos los días. Así conseguiremos empezar a *reconectar,* que es la esencia imprescindible del vínculo amoroso.

¿Cuál es mi estilo amoroso?

En nuestras relaciones románticas tendemos a querer a los demás, y a esperar que ellos nos quieran, de una determinada manera, de acuerdo a nuestro estilo amoroso. Repetimos esta forma de dar y recibir afecto aunque tengamos parejas variadas.

La teoría original de los estilos amorosos la formuló hace más de treinta años John Lee, un sociólogo canadiense que se refería a estos estilos como «los colores del amor». En esta sección nos vamos a centrar en tres de los principales estilos amorosos: el erótico, el cariñoso y el juguetón. Los psicólogos Hendricks y Hendricks desarrollaron un cuestionario breve que nos va a permitir descubrir a cada uno de nosotros cuál es nuestro estilo amoroso, así que atentos a las preguntas que siguen: suma un punto por cada respuesta y cuantos más puntos consigas en un estilo, más cerca estás de él.

LOS ERÓTICOS: BELLEZA Y PASIÓN

¿Tienes rasgos del estilo erótico? Contesta sí o no a cada pregunta:

Me sentí atraído por mi pareja minutos después de conocerla.
En lo que respecta a las relaciones, encuentro atractivo a cierto tipo de personas y mi pareja responde a este ideal.
Mi pareja y yo sentimos que hemos nacido el uno para el otro.

Los Eróticos tienen ideas firmes sobre el tipo de características físicas y psicológicas que desean en una pareja. Suelen experimentar amor a primera vista.

Ventaja: durante un tiempo las emociones de los Eróticos son apasionadas y se sienten muy vivos.

Problema: los Eróticos mantienen relaciones emocionales intensas y románticas, pero es difícil que la relación dure porque les cuesta aceptar los cambios y la pérdida de intensidad. Idealizan al otro y cuando ven sus defectos les cuesta aceptarlos.

Los Cariñosos: paz y lealtad

¿Tienes rasgos del estilo cariñoso? Contesta sí o no a cada pregunta:

> Valoro las relaciones amorosas que empiezan siendo relaciones de gran amistad.
> No sé exactamente cómo me enamoré; sucedió a lo largo de un periodo considerable.
> El amor no es misterioso, es una forma extrema de cariño y de amistad.

Estos amantes valoran más la confianza que el deseo. No buscan tanto la pasión y el sexo como al compañero compatible con el que puedan compartir sus intereses y aficiones. Se van involucrando poco a poco en la relación y los sentimientos crecen a lo largo del tiempo. A veces el Cariñoso va tan lento que es difícil saber qué tipo de relación mantiene. Esperan que el cariño se transforme poco a poco en compromiso y amor. Suelen tener pocas relaciones románticas a lo largo de su vida, y tienden a ser altruistas y confiados y a provenir de familias numerosas, por lo que se sienten cómodos con la idea de depender de los demás.

Ventaja: cuando quieren, los Cariñosos muestran una gran fidelidad y estabilidad. Son compañeros de fiar.

Problema: pueden caer en la rutina y dar una importancia muy grande a la fidelidad, que suelen asimilar a la lealtad.

Los Juguetones: diversión y emoción

¿Tienes rasgos del estilo juguetón? Contesta sí o no a cada pregunta:

> A mi pareja no le gustaría saber algunas de las cosas que hago.
> Me gusta la idea de probar a salir con muchas parejas distintas.
> En general me recupero bastante fácilmente de los fracasos amorosos.

Para los Juguetones, el amor es un juego. Estos amantes no tienen ningún ideal en mente sino que les gusta la variedad. Buscan variedad y emoción, se sienten incómodos con el compromiso y pasan rápidamente de una relación corta a otra. Les gusta la emoción de la caza.

Ventaja: los Juguetones son divertidos, es difícil aburrirse a su lado, les gusta el riesgo y se recuperan fácilmente de las rupturas.

Problema: si están en pareja, los Juguetones tienden más fácilmente a ser infieles. A veces este estilo amoroso surge del miedo a que les abandonen —por eso evitan intimar con los demás— o porque tienen dificultad para percibir los sentimientos de los demás.

- ¿Es mejor ser de un estilo o de otro?

Definitivamente, no. Pertenecemos a un gran ecosistema emocional que se nutre de distintos tipos de temperamentos y estilos. Nuestro estilo amoroso depende de lo que aprendimos de pequeños y de nuestra personalidad.

Que seamos variados en la forma de amar y de ser amados probablemente contribuya a nuestra supervivencia como especie. Eso sí, se ha visto que las relaciones de pareja basadas en estilos amorosos similares tienden a durar más. La gente a menudo busca a una pareja con su mismo estilo amoroso porque es muy agradable sentir que otra persona es parecida a ti. Esa sensación transmite seguridad y refuerzo. Y ahora que conoces tu estilo afectivo, te será más fácil saber cómo afrontar tu primera cita.

Claves para seducir en la primera cita

Aunque a la gente, de forma abrumadora, le importe más el amor que el sexo, las relaciones de pareja implican gestos de seducción. Por cierto, ¿cómo se distingue entre el amor y la lujuria? Es sencillo, basta con fijarse en los detalles...

- ¿Cuáles son las señales de que intereso a alguien?

Si le interesas como persona, se inclinará hacia ti cuando hables, sonreirá y asentirá con la cabeza. Pero si es lujuria no hará nada de eso... Probablemente saque la lengua con cierto disimulo y se moje los labios. Vamos a verlo con más detalle.

- Las fases del flirteo.

Hay cinco fases en el flirteo y todas son importantes, pero recordemos de entrada que la diferencia principal entre las personas que ligan y las que no está sobre todo en intentarlo muchas veces y aprender de los errores.

Lo importante en la primera fase es que el otro se fije en ti, porque hay mucha competencia. Así que hay que ser persistente y si hace falta hay que ser capaz de exhibirse un poco, porque en esta fase estás diciendo: «Mírame, soy especial...». Por ello, las personas que están en esta primera fase —especialmente, y por razones evolutivas, los varones— suelen gesticular, mueven los hombros, se estiran, se balancean hacia delante y hacia atrás, suben el tono de la voz, se tocan el cuerpo, exhiben alguna destreza... Y luego miran a la chica para saber si está impresionada.

Si ella no te ha dado la espalda, puedes pasar a la segunda fase. Se trata de una fase del flirteo que hemos heredado de los demás animales y que está basada en el interés y la huida: miramos, sonreímos, desviamos la mirada y volvemos a sonreír. Si ella te devuelve la mirada es una señal clara de que puedes entrar en la tercera fase del flirteo y que podéis intercambiar algunas palabras. Puedes presentarte y charlar sobre algún tema neutral, pero recuerda que tu mensaje tiene que ser: «Soy inofensivo». Sonríe un poco y si estáis a gusto pasa ya a la cuarta fase, donde cambiará vuestro lenguaje porque las palabras van a ayudaros a transmitir seducción. No todas las palabras son iguales. Por ejemplo, ¿qué palabra crees que seduce más?

miel	glucosa
suegro	sonrisa
fresa	filete
plátano	melocotón
chorrada	vaselina
teléfono	salvaje

Las palabras que seducen suenan más dulces y recuerdan cosas más sensuales y atractivas. El tono de la voz también es más dulce, más lento, y puede que se utilicen diminutivos y se arrastren las vocales, recurriendo además a apelativos cariñosos y a juegos verbales casi infantiles. Por ejemplo, ella puede decir algo así como: «Aaanda... Dámelo, pequeñíiiiin...», y él replicarle: «Veeeenga, preciosa...». Si el flirteo avanza se recurrirá a palabras que os unan, como «juntos» o «nosotros», porque empezáis a querer compartir cosas... Es probable que si eres el chico quieras moverte alrededor de ella con cualquier excusa y que intentes rodearla y tocar objetos que le pertenecen, como su bolso, por ejemplo... Es un comportamiento atávico que nos viene dado.

Ella, si está interesada, entrará en la quinta fase, en la que va a responder con gestos que muestran su deseo. Fíjate si ladea el cuello a la izquierda, si levanta las cejas, sonríe, ríe, tiene la boca abierta, si sus manos muestran las muñecas hacia fuera... Ahora los sentidos cobran mucha importancia porque la parte emocional del cerebro empieza a ganar terreno a la parte racional, por ello es bastante corriente que inconscientemente os miréis la boca u otras partes del cuerpo que tienen alguna connotación sexual.

- He pasado las cinco fases y he conseguido la cita. ¿Ahora qué hago?

Recuerda esto: llévala a un sitio que os dé miedo (que no sea la casa de sus padres, sino algo más emocionante, que dé miedo de verdad). Las investigaciones muestran que compartir una experiencia fuerte tiende a crear lazos románticos con otra persona. Tiene que ser una experiencia que genere adrenalina pero que termine bien, algo que podáis recordar con emoción y con la sensación de que todo lo que te pasa con la otra persona al final acaba de forma positiva. Llevarla al túnel del terror en el parque de atracciones es una idea aceptable; otra opción, para los más arriesgados, puede ser un salto en paracaídas para celebrar su cumpleaños.

- ¿Y el primer beso?

¿Recuerdas tu primer beso? Los expertos dicen que para la mayoría es algo inolvidable, incluso más que la primera relación sexual. Casi todos somos capaces de recordar hasta el 90 por ciento de los detalles de nuestro primer beso, da igual que ocurriese hace cincuenta años o hace unos meses.

- Lo recuerdo. ¿Pero por qué besamos y por qué nos impacta tanto un beso?

Evolutivamente puede que el beso se haya desarrollado a raíz de la costumbre de los primates de alimentar a sus pequeños de boca a boca, transformándose en una estrategia para confortar a los niños hambrientos si no había comida y luego en una forma de expresar afecto. Sólo un 10 por ciento de la población mundial no se besa con los labios.

- ¿Qué pasa cuando un beso «funciona»?

Un beso que funciona actúa como una droga porque estimula un cóctel de hormonas y neurotransmisores. Sube lo que llaman la hormona del amor, la oxitocina, que crea vínculos a medio y largo plazo. También suele subir la dopamina, sobre todo en los primeros besos de una relación, y se fomenta el deseo, ese sentimiento de que no puedes esperar a estar con alguien cuando te enamoras. La serotonina, el neurotransmisor que tiene que ver con los sentimientos obsesivos-compulsivos —te cuesta comer, dormir...— también aumenta.

- ¿Y qué ocurre con un beso que fracasa?

Un beso fracasado, en cambio, te lleva a un pequeño caos químico que estimula la hormona del estrés, el cortisol, y pone freno a la relación. De hecho, el psicólogo Gordon Gallup, de la Universidad de Albany (Estados Unidos), calcula que más de la mitad de las personas terminan con una pareja porque el primer beso no funcionó.

Pero si el beso te va mal, no intentes vengarte haciendo como en la saga *Crepúsculo* y muerdas a tu amado. La mordedura humana es más peligrosa que la de una rata o un perro. Curiosamente, no pasa nada por intercambiar gérmenes en la saliva, porque aunque dos millones de bacterias y cuarenta mil microorganismos cambian de dueño después de un beso, también generamos neuropéptidos que nos ayudan a luchar contra las infecciones.

- ¿Para qué sirve besar, aparte de para hacerme sentir bien?

Los labios son una de las áreas más pobladas de neuronas sensoriales de todo el cuerpo. Son cien veces más sensitivos que las yemas de los dedos... Ni siquiera los genitales son tan sensitivos como los labios humanos. Cuando besas, estas neuronas, junto a las que hay en la lengua y la boca, envían mensajes potentes al cerebro, que responde con emociones intensas, sensaciones agradables y reacciones físicas. Además, cuando besas hay un intercambio muy importante de información —olfativa, táctil y postural— que ayuda al otro a acceder a muchos datos sobre ti y sobre vuestra compatibilidad, tal vez incluso genética.

- ¿Cómo debo besar?

Parece ser que cuanto más entusiasta es el beso, más potencial ofrece la relación; ésta es una percepción que tienen sobre todo las mujeres. Así que si alguien te importa, bésalo con ganas. En cualquier caso, científicos, sexólogos y demás estudiosos de la materia aconsejan que se debería besar únicamente cuando se tiene ganas y nunca con una actitud de hastío, rechazo o indiferencia, ya que los efectos emocionales negativos podrían ser muy perjudiciales.

- Nos hemos ido por las ramas... ¡Recuerda que estoy en la primera cita! Antes de besar, ¿de qué le hablo?

Tienes razón. Has tenido detalles románticos para conseguir la cita, habéis pasado miedo juntos y ahora... ¿De qué le hablas? Ya en esta primera cita, mantén una conversación íntima con él o con ella. Si le das y le pides un poco de información personal durante esa cena mejorarás mucho la sensación de intimidad: «Cuéntame algo que siempre hayas querido hacer...» o «Háblame del día más feliz de tu vida». Lo que nos dicen las investigaciones es que eso le dará la sensación de que te importa. Os unirá y compartiréis algo especial.

- ¿Por qué hablar de cosas íntimas puede mejorar las relaciones entre las personas?

Tantas veces hablamos con los demás, incluso con personas que nos importan de verdad, para no decir nada... La investigadora Brené Brown, que lleva años estudiando lo que distingue a las personas que viven intensamente —y por tanto también tienen emociones positivas de forma intensa y son intensamente felices— de las que no, dice que las personas intensas y auténticas dejan caer las máscaras y las protecciones y se arriesgan a mostrar quiénes son y qué les importa. El resto, y me temo que somos una mayoría, tenemos miedo y nos escondemos. No se trata de lanzarse a contar secretos íntimos en la primera cita, sino de mostrar un poco de vulnerabilidad y de transparencia. Eso resulta muy atractivo porque sólo lo hacen las personas valientes y que se aceptan a sí mismas, con todas sus imperfecciones.

Y recuerda: después de esa primera cita, cualquier relación necesita un cuidado regular para no caer en la rutina y en el aburrimiento. Veamos algunas pistas.

Por qué las parejas se mueren de aburrimiento

A veces sospecho que si rascas un poco y preguntas cómo se sienten a la mayoría de parejas que llevan un cierto tiempo juntas, resulta que se aburren... Podemos estar tan acostumbrados a aburrirnos con nuestra pareja que hemos renunciado a sentir emociones intensas y nos hemos refugiado en la rutina y la seguridad. Sin embargo, para mantener viva una relación a largo plazo hemos visto en este capítulo que tenemos que inyectar regularmente un poco de novedad y de emoción en la relación. Ésta es una de las razones por la que queremos viajar a lugares lejanos con nuestra pareja, porque son lugares donde vives experiencias nuevas y donde estimulas la química de la dopamina, que te permite descubrir cosas nuevas acerca de tu compañero. Algo de eso hay también cuando nos compramos ropa nueva o un coche. Dice el neurólogo Norman Doidge que conocer los mecanismos y exigencias de tu cerebro forma parte del «manual de utilización inteligente del cerebro» que todos debiéramos respetar. En este caso, tu cerebro necesita aprender para sentirse bien, y por ello conviene aprender cosas nuevas también en el seno de la pareja, si quieres evitar que la relación se degrade.

Aparte de la novedad, y como ya hemos visto, otra clave fundamental en las parejas es la conexión en todos los niveles, física, mental y emocional. Conectarse y comunicarse requiere tiempo y atención y se traduce en detalles a los que a veces no prestamos la suficiente atención, como por ejemplo detalles románticos que demuestran a nuestra pareja que nos importa. Veámoslo.

- ¿Qué detalles románticos le pueden gustar más a mi pareja?

Precisamente para desvelarlo, el psicólogo británico Richard Wiseman realizó un estudio con mil quinientas personas en Gran Bretaña y Estados Unidos. Los investigadores querían saber qué detalles le parecen románticos a la gente. Tomad buena nota porque de entrada comprobaron que muchos hombres no dan importancia a los detalles románticos. Curiosamente no es por pereza, sino simplemente porque no les parece importante.

- Dime qué gestos devuelven vida y emoción a la pareja.

A veces, cuando escuchas que la gente se queja de la monogamia como de algo aburrido, no es porque su pareja sea aburrida sino porque hay una cierta cantidad de rutina involucrada en las relaciones monógamas. Los picos de dopamina que sentías cuando estabas recién enamorado son casi como una intoxicación química; si haces más de lo mismo, no disparas la química de la dopamina.

No sorprende por tanto que los primeros puestos de la lista que elaboró el equipo de Wiseman están copados por formas de escapismo y de sorpresa, esto es, por situaciones que disparan la química de la dopamina. Así que una sugerencia segura es hacer cosas divertidas e inesperadas juntos. Los gestos más populares de la lista son «taparle los ojos y darle una agradable sorpresa (40 por ciento)» y «llevarle a pasar un fin de semana a algún sitio emocionante (40 por ciento)».

- ¿A qué diríais que las mujeres concedieron una puntuación máxima en la lista de detalles románticos?

Las mujeres concedieron una puntuación máxima a «Decirle que es la mujer más maravillosa del mundo». ¿Y sabéis cómo valoraban ellos esa opción? Pues a ellos no les parecía que fuese una opción interesante... Un dato que merece la pena tener en cuenta es que se ha estudiado que a los hombres, en general, sólo les dicen cosas bonitas y afirmativas sus parejas. Ellas reciben más elogios y cariño verbal por parte del resto de la familia y amigos, pero entre hombres no suelen decirse palabras de afirmación. Así que es muy importante que los hombres tengan parejas que les digan cosas positivas.

- ¿Y qué más?

Escríbele un poema o canción sobre vuestro amor (28 por ciento) y prepárale un baño de espuma cuando llega a casa cansada de trabajar (25 por ciento). Son actos sencillos de consideración al otro. Demuestras con ellos que la otra persona te importa, que quieres que se sienta bien, que no te da pereza complacerla... Llevarle el desayuno a la cama puntúa un 22 por ciento, igual que enviarle un mensaje o un correo romántico o dejarle una nota en casa. Dejarle tu abrigo cuando tenga frío puntúa un 18 por ciento; es más barato y puntúa un poquito mejor que enviarle un ramo de flores o una caja de bombones al trabajo (16 por ciento).

- La escritura expresiva es otro gesto útil para consolidar tu pareja. Esta técnica puede aumentar en un 20 por ciento tus posibilidades de tener una pareja estable. Consiste en que cada semana escribas tus pensamientos y sentimientos respecto a tu pareja. Se llama «escritura expresiva» y ayuda a pensar y hablar acerca de tu pareja de forma más positiva.

- ¿Y los regalos materiales?

  No puedes decirte a ti mismo que eres maravilloso, ni puedes pretender que al otro le importas si nunca hace nada para demostrártelo... Pero sí que puedes comprarte un capricho. Y lo mismo puede hacer nuestra pareja. Así que si tienes que elegir un gesto romántico para tu pareja, elige sin dudarlo, por encima del regalo material, la diversión y el sentimiento. Son regalos que no fallan.

Regalos que no fallan

¿Por qué regalamos cosas a la gente? ¿Qué intentamos expresar cuando regalamos? ¿Qué queremos comunicar? Gastamos mucho dinero en regalos cada año. En España, cada familia compra en Navidad una media de diez regalos. Si lo que pretendes es comunicar afecto, interés o agradecimiento con tu regalo, cuidado porque ese regalo podría convertirse en un arma de doble filo. Podrías gastarte dinero y tiempo, pero sólo conseguir que el otro se sienta decepcionado y enfadado. Para tratar de evitarlo, vamos a dar claves que te puedan ayudar a acertar con tu regalo.

• ¿Y por qué damos tanta importancia a los regalos?

Todos queremos que alguien nos comprenda de verdad. Por ello las investigaciones muestran que solemos enamorarnos de personas que se parecen a nosotros de alguna manera, porque nos da la sensación de que esas parejas nos comprenden. Y cuando esas parejas nos regalan algo que nos gusta, sentimos de forma concreta esa seguridad psicológica tan agradable: alguien, en este vasto mundo, nos comprende de verdad. Así que no te tomes los regalos a la ligera. Cuando regalas, a pesar de lo que dice el refrán, no es sólo la intención lo que cuenta.

• ¿Qué pasa si recibimos un mal regalo?

Existen estudios que indican que cuando recibimos un regalo que nos parece «inadecuado» de una persona cercana a nosotros, este hecho nos hace replantearnos la relación porque asumimos que la persona no nos conoce lo suficiente o que no le importamos, por lo cual las relaciones personales tienden a enfriarse y hacerse más distantes. Así que... ¡cuidado con hacer malos regalos!

• ¿A todos nos molesta recibir un mal regalo?

Un estudio de la Universidad de Columbia apunta que tal vez hombres y mujeres actúan de manera diferente ante los regalos. La tendencia es ésta: los hombres que recibieron regalos más «inadecuados» decían que no se parecían a su pareja y que la relación terminaría pronto. Realizaban esta identificación: «No me gustan ni el regalo ni la pareja». En cambio, según los investigadores, las mujeres tienden a defender sus relaciones afectivas de las adversidades y por ello, cuando reciben un mal regalo, intentan que prevalezca la relación sobre el regalo. Vamos, que las mujeres quieren creer que sus chicos son sensibles, honrados, creativos, que las apoyan, las quieren y piensan que nada es demasiado bueno para ellas… a pesar de los regalos. Parece que los chicos son más realistas.

- ¿Quiere eso decir que podéis regalar a vuestras chicas cualquier regalo y ellas tan contentas?
  Pues no. Sabemos que en torno al 65 por ciento de los regalos que los hombres hacen a sus parejas para celebrar aniversarios, cumpleaños o lo que sea se devuelven o no se utilizan. Un buen regalo dice que alguien te importa y que merece tu tiempo y tu esfuerzo; y un mal regalo dice lo contrario, y por tanto nos fastidia a todos por igual. Si ella te sigue queriendo a pesar de recibir un mal regalo, imagina lo que pasará si le regalas algo acertado… ¡Puede ser maravilloso!

- A pesar de estos peligros, ¿merece la pena regalar?
  Sí. Los estudios muestran que merece la pena gastarse dinero en regalar: las personas que regalan a los demás experimentan más felicidad que las que gastan dinero para sí mismas.

- ¿Y regalarse algo a uno mismo?
  Aquí hay un dato curioso: parece ser que cuando nos compramos algo a nosotros mismos gastamos un 20 por ciento más en el regalo que si regalásemos ese mismo objeto a otra persona.

Para acertar con los regalos os propongo esta pequeña «guía para regalar», cuyos principios hay que aplicar con sentido común y adaptándolos a las circunstancias.

Principio 1. *Regalar dinero podría implicar cierta frialdad o prepotencia*. Ojo, porque hay personas que agradecerán mucho que les regales dinero, pero a menos que sea un familiar, hay estudios que muestran que si le regalas dinero a un adulto —no a un niño— dificultas el sentimiento de intimidad y marcas diferencias de estatus social.

Principio 2. *¿Cómo sé si voy a acertar al regalar algo?* Muy sencillo, la prueba del algodón de un regalo podría ser ésta: «Si no quieres ver la cara que pone el otro al abrir tu regalo, no se lo regales». Asegúrate de que lo que le des te llena de orgullo. Si te diese vergüenza imaginar su cara al abrir el regalo, te estás equivocando. Seguro.

Principio 3. *Una promesa no es un regalo.* Es sólo una promesa, algo que queda por cumplir.

Principio 4. *Antes de regalar, no preguntes. Piensa.* Si preguntas al otro qué quiere le va a sentar mal, porque parece que no te molestas en pensar cómo sorprenderle y agasajarle. Así que no preguntes, piensa.

Principio 5. *Si te preguntan qué quieres que te regalen y decides contestar, di la verdad.* Expresa bien tus deseos. Si el otro se siente incómodo, no debía haberte preguntado.

Principio 6. *Piénsatelo bien antes de regalar algo que sugiera que crees que tu pareja no es perfecta:* maquinitas para hacer ejercicio, pinzas para sacar los pelos de la nariz, cremas antiarrugas y libros de auto-ayuda titulados *Cómo dejar de ser desagradable y neurótico en tres semanas*... Entrañan algunos riesgos para la armonía íntima.

Principio 7. *Piénsatelo bien antes de regalar algo que tú disfrutes más que tu pareja.* ¿Es casualidad o es que se trata de un regalo que te haces a ti mismo?

Principio 8. *Un regalo no tiene por qué ser un objeto, puede ser una buena experiencia que genere memorias agradables:* una excursión, una visita a algún sitio que a ella o él le apetece, un viaje, una fiesta sorpresa, un recordatorio de alguna fecha especial... Regalar buenas experiencias es un excelente regalo, uno de los mejores, porque nos deja para siempre buenos recuerdos que nos harán más fuertes frente a los baches y dificultades que pueda traer el futuro.

Ruta 3. Los valles del desamor y las pérdidas

Las etapas del desamor y de las pérdidas

Cuando hablamos en *El Hormiguero* de qué se puede hacer para tener una buena primera cita, nos sorprendió la cantidad de personas que nos pidieron que habláramos de lo contrario, de lo que pasa cuando hay desamor. Y es que el desamor es una experiencia universal. En un estudio se calculó que el 99 por ciento de las personas pasan por ella al menos una vez a lo largo de sus vidas. Sospecho que el 1 por ciento que lo haya podido evitar será porque se ha encerrado en casa y por si acaso no ha querido tener ni un gato para no encariñarse...

- ¿Y por qué es tan inevitable el desamor?

¿Por qué hay que sufrir? Parece un poco irracional, pero ya sabemos que cuando estamos intensamente enamorados se activan las mismas áreas del cerebro que se activan cuando ganas mucho dinero o tomas cocaína. En definitiva, que el enamoramiento se parece a una adicción en toda regla: generas buenas dosis de norepinefrina, de dopamina, de serotonina, de testosterona también, ya que se mezcla el deseo... Es la química del bienestar y ya sabemos que el cerebro cuando está a gusto no es razonable, sino que te pide más y más...

- Quieres decir que el amor es como una droga y luego van y te la quitan...

  Más o menos. Cuando te quitan el amor surgen efectos secundarios que te pueden causar mucho estrés emocional y depresión. Algunos son suaves, como el subidón de dopamina, el mismo por cierto que sentiste cuando te enamoraste; y, como entonces, puede que ya no te interese tanto la comida, que es lo que suele pasar al principio y al final de una relación.

- ¿Y qué otros síntomas me van a dar?

  Hay síntomas del desamor que son muy pesados. El desamor, por ejemplo, puede doler físicamente. ¿Por qué? Porque el dolor físico es la respuesta del cuerpo a los problemas externos, una señal de alarma que se dispara por cualquier amenaza física o emocional. De hecho, la zona del cerebro que procesa el dolor físico también se encarga de procesar el dolor emocional, y se activa ante cualquiera de los dos. Esto les pasa a menudo a las personas que están deprimidas. Incluso las zonas implicadas en el dolor físico —las que hacen estremecerse a alguien cuando recibe una patada o un puñetazo— también se activan en esta etapa. El desamor duele, literalmente. Más aún: dejar el desamor atrás es como dejar algo a lo que eras adicto: algunos experimentos basados en imágenes de resonancias magnéticas han demostrado que las áreas del cerebro que funcionan durante el desamor también están activas en aquellos pacientes que tratan de desengancharse de la cocaína o los opioides.

- Vamos, que el dolor emocional es un peligro para la salud...

¿Sabías que el desamor se asocia a una expectativa de vida más corta? Hay investigaciones que demuestran que las personas que tienen vidas de pareja infelices tienen un 50 por ciento más de probabilidades de sufrir un ataque al corazón y de tener enfermedades crónicas como migrañas... También han comprobado lo contrario: que cuanta más capacidad de superar obstáculos muestran las personas, más posibilidades tienen de vivir vidas felices y largas.

- ¿Es mejor no enamorarse?

El enamoramiento es un proceso intenso, pero muy útil de cara a la transformación y al aprendizaje personal. Es el momento, tal vez uno de los pocos, en el que logras hacerte vulnerable y por tanto abierto al cambio. Se ha comprobado incluso en el cerebro, que, según el neurólogo Norman Doidge, en esa etapa se vuelve más maleable, más abierto al cambio. ¿Cómo te vas a perder este regalo de la vida? Es mejor aprender a gestionarlo.

- Dime entonces cómo puedo gestionar los síntomas del desamor...

Puedes evitar obsesionarte. Sabemos que estar obsesionado con otra persona hace muy difícil que puedas superar el desamor. Fíjate que tras el abandono ocurre un fenómeno curioso conocido en psicología como «la atracción de la frustración», que consiste en que la persona que sufre desamor vuelve a sentir por su ex una pasión que no tenía al final de la relación amorosa. Por tanto, tienes que entrenarte para ir dejando la obsesión atrás poco a poco, como si fuese gimnasia emocional. Así irá cambiando tu adicción cerebral y podrás desengancharte.

- ¿Y esto cuánto dura? Porque parece un trabajo difícil...

  Es complicado hablar de tiempos, aunque algunos expertos hablan de entre tres meses y tres años. Una buena noticia es que para muchos el desamor asusta de entrada pero no duele tanto ni tanto tiempo como tememos. Hay estudios que lo ratifican una y otra vez. Y cuando haya pasado un tiempo de la ruptura, regálate algo bonito para celebrar lo bien que lo estás llevando. Ahora eres una versión mejorada de ti mismo: eres más fuerte y más sabio.

Veamos a continuación los estadios clásicos del desamor y las pérdidas. Aunque cada persona se enfrenta a las pérdidas a su manera y a su ritmo, hay una serie de estadios que son muy típicos.

El primer estadio es la negación. Niegas que tu amor se haya ido, no aceptas el final. Es una forma de protegerte contra el dolor. Estás como en estado de susto, de *shock,* o incluso estás algo eufórico, como si la realidad no fuera contigo.

El segundo estadio es el de la ira, cuando reaccionas y te enfadas. Por una parte venderías tu alma al diablo para que él o ella regresase, pero por otra estás enfadado. Un estudio demuestra que la gente se recupera más deprisa si acepta que hay una época de enfado. Líbrate de los recuerdos de esta persona, ayuda a tu cerebro a no estar obsesionado, a mirar al futuro. Fuera fotos, cartas, camisetas, cepillo de dientes...

El tercer estadio es el de la negociación. Estás lleno de dolor y de sentimiento de culpa. Empiezas a reprocharte lo que has hecho mal o las cosas que no habéis podido hacer juntos... Lo mejor es hablar de lo que sientes, expresarlo, darle forma, aunque duela. Resistirte al dolor lo empeora. Llora, habla con amigos, haz deporte... Recuerda que estás pasando las etapas normales de las pérdidas y que mejorarás si te enfrentas a ello.

Ahora viene el cuarto estadio, el de la depresión. Aquí sientes tristeza y soledad. Estás empezando a aceptar que estás ante una pérdida de verdad. Eso te absorbe, te sientes vacío y es frecuente que te aísles porque nada te interesa. Pide ayuda profesional si puedes porque te será muy útil. Sabemos que las personas que logran comprender y sacar una lección de sus tristezas son las que mejor salen adelante. Hay que comprender lo que pasó para poder asimilarlo y pasar página.

No sólo estás triste, sino que además sientes que tienes que cargar sin ganas con todo lo que el otro hacía antes por ti... Si a veces te sientes incapaz de hacer lo que antes hacía él o ella, recuerda que hacer cosas que creemos que no podemos hacer, como cambiar una rueda del coche, mejora mucho la autoestima. Somos más capaces de sobrevivir solos de lo que pensamos. Ahora eres tu propio héroe.

Ojo a la quinta y última fase, porque es fundamental: ¿resignación o aceptación? Aquí el peligro es pensar: «La vida es un asco, pero no tengo más remedio que aguantarme...». Eso sería resignación, y es lo peor que te puede pasar. Tenemos que lograr comprender lo ocurrido, aceptarlo y sacarle partido. No es fácil, habrá momentos de nostalgia y la felicidad no vuelve de repente, pero lo importante es sentir que por fin estás mirando hacia delante con un poco de ilusión.

- ¿Una sugerencia para esta fase?

Antonio Damasio, uno de los padres de la neurociencia, dice que una emoción negativa intensa se supera con otra emoción igual de intensa y de signo contrario. Busca pues activamente esas emociones positivas fuertes. Una buena señal es si has hecho cambios en tu vestuario o en tu peinado... Apúntate a algo que siempre quisiste hacer, como clases de cocina japonesa, clases de salsa... Haz lo que sea que te haga reír y te regale ilusión, ¡póntelo como meta! El amor nos hace vulnerables, pero es el regalo que nos da la vida para aprender y para cambiar. El desamor, si se supera con inteligencia, puede hacerte más independiente y más consciente de lo que necesitas ahora. Por ello, la próxima persona que vas a querer va a tener mucha suerte.

Paradójicamente, el siglo XXI nos conecta como nunca lo hemos estado antes, aunque también sacude las instituciones familiares más sólidas, aquellas que tradicionalmente habían amparado nuestra necesidad de relacionarnos y de amar. Amar más allá del clan, agrandar los círculos familiares de empatía que colmaban hasta hace poco nuestras aspiraciones afectivas y encontrar nuevas formas satisfactorias de relacionarnos serán sin duda algunos de los retos fundamentales de las próximas décadas.

CAPÍTULO DOS

«ERES UN ESCLAVO Y NO LO SABES»

Cómo comprender los mecanismos que nos mueven

El mundo de mi hija Tici está lleno de cajitas para clasificar. Es su medida para comprender el mundo que la rodea. Si caminas erecto y tu piel es suave, eres uno de los suyos. Si vas encorvado y tienes el rostro marcado por los embistes de la vida, te clasifica como miembro de una especie misteriosa. «El abuelo de Paula anda muy recto y se mueve mucho. No parece un abuelo», me dijo el otro día. «¿Y qué parece?», le pregunté con curiosidad. «Parece humano», dictaminó con absoluta seriedad mi duendecillo.

Entiendo a Tici, porque vista con poca perspectiva esta vida nos puede parecer muy confusa y nuestros comportamientos humanos impredecibles. Nos pasamos los días ensayando en qué cajitas mentales podríamos encajar a las personas, los objetos y las experiencias que vamos acumulando, principalmente porque no nos han enseñado un sistema más sensato. Lo malo de este procedimiento aleatorio es que es probable que lleguemos a la edad adulta con un desorden insostenible en nuestras cajitas, con personas y comportamientos que se solapan y contradicen hasta desconcertarnos por completo. Para enfrentarnos a ese caos mental y emocional, quizá adoptemos algunas creencias inmutables construidas al hilo de la interpretación de experiencias personales más o menos afortunadas, de refranes populares y de las opiniones de nuestros padres, que tampoco tuvieron método ni ayuda para organizar sus propias cajitas.

Si durante siglos el deber de sobrevivir físicamente en un mundo complejo y violento nos ha llevado a respuestas enlatadas para simplificar nuestras vidas y asegurar la obediencia del grupo y del individuo, el futuro será muy distinto. Por encima de las resistencias a educarnos para comprendernos, vamos a necesitar enfrentarnos al auge de enfermedades mentales con políticas de prevención que ayuden a las personas a evitar comportamientos dañinos y una gestión emocional deficiente y destructiva. Este cambio de paradigma es ya palpable, aunque los mecanismos sociales y educativos no lo reflejen con la suficiente agilidad. Pero afortunadamente, a lo largo de las próximas décadas todos accederemos a las claves de lo que ocurre en nuestro interior.

Una señal que nos puede guiar cuando intentamos comprender las reacciones de las personas que nos rodean es ésta: los humanos vivimos dudando siempre entre el amor y el miedo, y elegimos a diario en qué parte de la balanza nos queremos situar. Las reacciones que pesan en la parte del miedo son todas aquellas que supuestamente nos ayudan a sobrevivir en un mundo del que desconfiamos: renuncias, rechazos, desprecios, codicia, ataques, agresividad, desconfianza, palabras hirientes, falta de iniciativa, huidas y reproches. De ellas hablaremos extensamente en este capítulo, porque son las que nos arrastran a comportamientos, pensamientos y palabras cuyo impacto puede ser muy destructivo, tanto, que necesitamos imperiosamente aprender, y enseñar a nuestros hijos, a gestionarlos. La parte de la balanza que fomenta comportamientos que tienen que ver con el afecto, la compasión y la curiosidad, refleja en cambio emociones tendentes a la transparencia y a la colaboración. De éstas hablaremos en las últimas rutas de este libro.

El lugar en el que se colocan las personas en este

equilibrio entre el amor y el miedo dice mucho acerca de qué temen, qué desean o qué desconocen. Cuando emprendemos las rutas de las emociones más reactivas —la ira, el desprecio, la envidia o la venganza— transitamos caminos resbaladizos y acerados, llenos de gravilla y desniveles que nos empujan cabeza abajo. Resulta importante aprender a mirar donde pisamos antes de aventurarnos en parajes dominados por la mente más instintiva. Cuando comprendemos y reconocemos las señales de las fuerzas que nos arrastran, pasamos de ser esclavos a ser dueños de nuestras emociones. No es una utopía. Lean y convénzanse.

Ruta 4. Los laberintos de la mente

Sólo vemos lo que nos interesa ver

- ¿Por qué veo el mundo desde una perspectiva subjetiva?

Pondré un ejemplo. ¿Os habéis planteado alguna vez cómo percibe el mundo exterior una hormiga? Como todos los demás seres vivos, una hormiga depende de sus sentidos para comprender lo que la rodea. Las hormigas no ven demasiado bien y utilizan sus antenas para oler. Si una hormiga está muy cerca de otra hormiga, podrá verla. Pero a un humano no podrá verlo porque está a una escala demasiado grande. Para una hormiga, un humano a una pequeña distancia simplemente no existe.*

* En la novela *El hombre terminal*, de Michael Crichton, se menciona que en 1972 el mejor ordenador tenía el mismo número de circuitos que el cerebro de una hormiga. Fabricar un ordenador con la capacidad de un cerebro humano requeriría el tamaño de un enorme rascacielos y consumiría la energía de una ciudad de medio millón de habitantes.

Todo lo vemos a nuestra medida.

- Estamos encerrados en la caja negra del cerebro.

La información del mundo exterior le llega al cerebro a través de los sentidos. Es como si estuviésemos encerrados en una caja negra con cinco aberturas, que son nuestros cinco sentidos. El cerebro hace lo que puede con los medios que tiene pero es una estructura física y como cualquier estructura física tiene limitaciones. Si pensamos por ejemplo en el nervio óptico, éste contiene un millón de fibras, parecidas a cables, que viajan desde la retina hasta el tálamo; sin embargo, este millón de fibras, que en principio parece un número muy grande, es pequeño si lo comparamos con el total de píxeles que tenemos en la cámara del teléfono móvil. Y pese a ello, nuestra experiencia de la realidad es mucho más detallada y nítida que la de la cámara de un móvil.

- ¿Cómo conseguimos tanto con tan pocos medios?

Tiene que ver con cómo interpretamos la realidad. El cerebro procesa la información que recibe a su manera: cuando la retina se fija en un objeto no capta cada detalle, sino que es el cerebro el que decide qué es más importante en esa información. Por ello, sólo vamos a ver lo que el cerebro cree que nos interesa ver: los bordes de los objetos van a tener más importancia que el interior de los mismos, y las esquinas más que las líneas rectas, porque contienen más información. En base a estos principios nuestro cerebro construye la realidad y rellena, de alguna manera, la información que no le llega, imaginando por aproximación lo que podría haber ahí fuera.

Nos pasa continuamente, hay cientos de ejemplos de cómo nos engaña el cerebro: recuerda por ejemplo que tus ojos ven en dos dimensiones, de izquierda a derecha y de arriba abajo, como si viviesen pegados a una hoja de papel. Si cierras un ojo y luego el otro de manera alternativa, verás que la imagen se desplaza de izquierda a derecha. Este desplazamiento es el que utiliza el cerebro para construir la tercera dimensión. Cuando miras la luna, el cerebro, para que no te parezca extraña, prefiere poner su tamaño a la medida de los demás objetos terráqueos, como los picos de las montañas. Por eso cuando miras al horizonte ves la luna más grande aunque sea la misma que la que brilla en el cielo, lejana y solitaria. ¿Y has pensado alguna vez por qué, si la Tierra viaja por el sistema solar a unos doscientos cincuenta kilómetros por segundo, no notamos esa velocidad? Es porque no tenemos un órgano específico capaz de sentir la velocidad absoluta: sólo podemos detectar la velocidad relativa, es decir, cuando aceleramos o cuando nos movemos en función de otro objeto.

Es lógico que el cerebro tenga que interpretar y completar la realidad que nos rodea porque reconstruye con muy pocos medios la realidad externa. No somos capaces de percibir lo infinitamente grande ni lo infinitamente pequeño. No podemos escuchar los ruidos cósmicos. No podemos oler siquiera lo que huele un perro, ni escuchar lo que escuchar un búho. Así que lo que no podemos ver o percibir, pensamos, como hacen las hormigas, que no existe...

- ¿Hay algún sentido del que me deba fiar muy poco?

La capacidad del cerebro de inventar la realidad o de redondearla es un atajo que hace más fácil la vida diaria y que afecta a todos nuestros sentidos, sobre todo a la vista.

- ¿Cuándo se suelen dar las ilusiones ópticas o cognitivas?

Si surge una disonancia entre la realidad y lo que tú

esperas de esa realidad, el cerebro probablemente te haga ver lo que esperas en vez de la realidad objetiva. El cerebro va a lo práctico y quiere tener toda la información cuanto antes, ¡por si acaso! Esto lo hace porque el ser humano está programado para descubrir cuanto antes cualquier posible amenaza: es cuestión de supervivencia.

Vamos a ver algunos ejemplos concretos de engaños visuales:

- *Ilusión óptica: el engañoso efecto de las «tuercas imposibles» de Jerry Andrus.** ¿Cómo puede ser que un palo se tuerza para entrar por entre dos tuercas que aparentemente están en dos ángulos opuestos? Es posible si lo que en realidad estamos viendo es una ilusión óptica, y no la realidad que imaginamos, que no se ajusta a lo que nuestros ojos ven. Nuestro cerebro nos ha vuelto a engañar. En este caso, por la perspectiva y la forma de construir las tuercas, el cerebro ha dado por hecho que estábamos viendo la parte exterior de las mismas, cuando realmente, si las girásemos, estaríamos viendo el interior... Es imposible no equivocarse, el cerebro simplemente ha vuelto a malinterpretar los estímulos que le llegan.

* Jerry Andrus (1920-2007) fue un mago e ilusionista norteamericano que ideó trucos e ilusiones para engañar al cerebro humano, como los dragones de papel o los imperdibles enlazados. En YouTube, buscando por «Nut and Bolt Jerry Andrus» podemos ver un vídeo que muestra el efecto logrado por las «tuercas imposibles» de Andrus.

– *«Y que viva la buena vida.»*

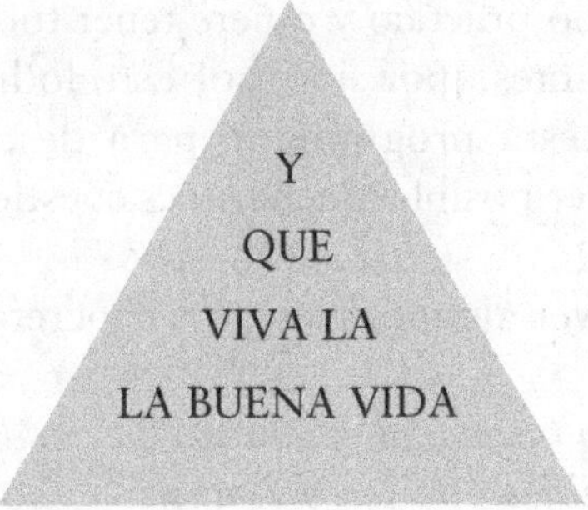

Lee este cartel. Si te pasa como a la mayoría de personas no te habrás dado cuenta de que le sobra una palabra. Es lógico: cuando algo falla en un patrón familiar, el cerebro se toma la justicia por su mano y lo corrige por su cuenta. Pensamos con patrones prefabricados porque es una forma cómoda y rápida de pensar que a menudo nos resulta útil para ahorrar tiempo y esfuerzo. Por ello, cuando el cerebro reconoce un patrón lo completa automáticamente y si le sobra una palabra, como en este caso, la elimina sin más. En nuestro ejemplo no importa porque la corrección del cerebro no tiene implicaciones importantes, pero debemos tener en cuenta que esa será siempre nuestra tendencia, y a veces esto implica que no vemos lo que no esperamos ver o lo que no nos interesa ver… y entonces sí que importa porque distorsionamos la realidad.*

* Esta sección de *El Hormiguero* fue muy conocida porque nuestra invitada de esa noche, la cantante Ana Torroja, no se dio cuenta de la errata que teníamos en el enorme cartel donde podía leerse «Y que viva la la buena vida», una frase que leyeron ella y el público, y tantas personas que estaban en sus casas, sin caer en la cuenta de cómo sus

- ¿Puedo hacer algo concreto para que mi cerebro sea más ágil y más astuto?

Para mejorar tu agilidad mental y tu memoria a corto plazo, ¡haz neurobics! El neurólogo Lawrence Katz, de la Universidad de Duke, recomienda esta gimnasia cerebral para aumentar las conexiones entre las células cerebrales. Piensa en tu vida diaria: aunque tengamos vidas ajetreadas, la mayoría tendemos a repetir siempre las mismas rutinas y eso implica que utilizamos siempre los mismos caminos neuronales en el cerebro. Para crear nuevos caminos, haz gimnasia con tus neuronas: estíralas, sorpréndelas, sácalas de su rutina y preséntales novedades divertidas a través de todos tus sentidos. Tendemos a depender de dos sentidos concretos, la vista y el oído; potencia por lo tanto tu sentido del tacto, el olfato y el gusto. Aquí tienes algunas sugerencias:

- Vístete o dúchate con los ojos cerrados (tus manos notarán texturas que nunca habías percibido).
- Haz el amor de una forma diferente, cerrando los ojos o centrándote en un sentido que sueles usar menos.

---

propios cerebros estaban corrigiendo la errata. En esta misma emisión, Pablo Motos y yo ofrecimos otro popular ejemplo de lo tendencioso que puede ser el cerebro: fabricamos un set que simulaba un museo con cuadros. Este juego lo diseñamos en línea con el conocido experimento del gorila, de Daniel Simons y Christopher Chabris —en YouTube se encuentra fácilmente al buscar «selective attention test gorilla»—, que mostraba cómo nuestra atención es tan selectiva que se nos pueden escapar detalles evidentes e importantes cuando estamos centrados en una acción cognitiva concreta. En el caso del museo, pedimos a los espectadores que buscasen un cuadro extraño mientras Pablo y yo «visitábamos» el espacio. Durante la visita, cambiamos varios elementos del set, todos ellos muy visibles, pero en general el espectador, centrado en buscar algo concreto, un cuadro, se perdía estos cambios.

- Utiliza la mano no-dominante para actividades sencillas, como lavarte los dientes.
- Come con los ojos tapados.
- Lee en voz alta.
- Cambia de ruta para ir a los sitios habituales.
- Modifica cualquier rutina, por ejemplo cambia algunos objetos de sitio, como la papelera.

Lo que el cerebro puede hacerles a nuestros sentidos también se lo puede hacer a nuestra forma de percibir la vida, a nuestra capacidad de estar optimistas o pesimistas. Aquí podemos verlo con un ejemplo. Cuenta rápidamente el número de cosas negras que hay en este grafismo:

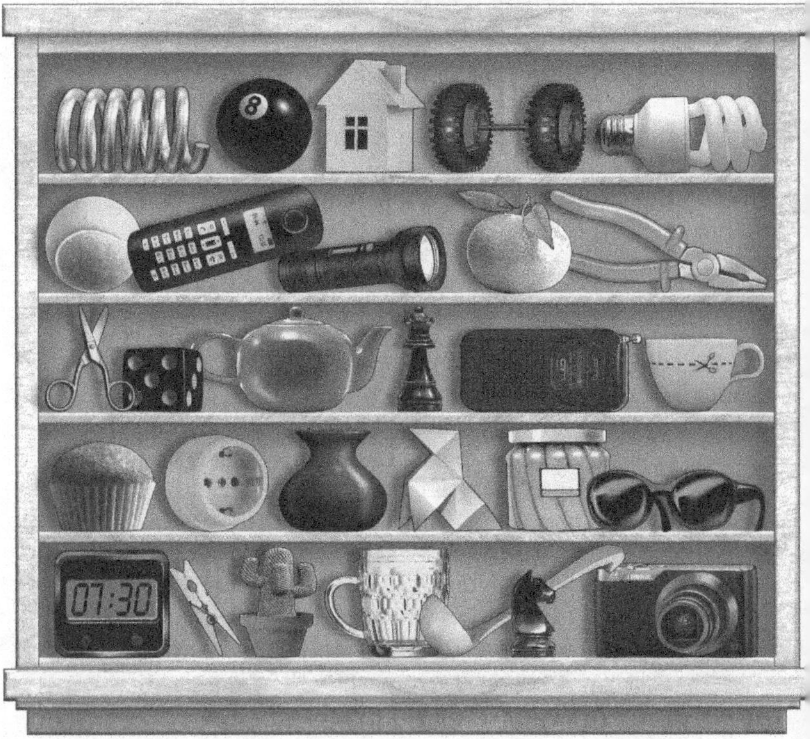

¿Cuántas cosas blancas has visto? Probablemente apenas te hayas fijado en ellas. Eso es lo que nos ocurre con la tristeza, porque cuando estamos tristes sólo vemos una parte de la realidad... pero el resto también existe.

Un dato curioso es que si ponemos imágenes de muchas cosas distintas en una mesa, somos capaces de encontrar la imagen de una serpiente más deprisa que, por ejemplo, la de flores o ranas (es lógico, porque para sobrevivir siempre ha sido más útil reconocer a una serpiente que a una rana).

- Entrena tu cerebro para pensar en positivo.

El cerebro programado para sobrevivir, para fijarse en lo amenazante, puede acabar obsesionado con las situaciones tristes y sin capacidad para percibir las realidades positivas que le rodean. Pero podemos aprender a equilibrar esta manía persecutoria del cerebro: al empezar o al terminar el día, y durante dos semanas, piensa en diez cosas buenas que te han ocurrido pero que te hayan pasado desapercibidas. Este ejercicio es fantástico porque entrenas el cerebro a pensar en positivo. Cuando notes que te estás escorando hacia lo negativo, plantéate hacer el ejercicio de nuevo.

Vivimos en un sueño fabricado a nuestra medida. En este sueño, uno sólo ve lo que le interesa ver. Es como vivir, pensar y sentir metido en un túnel, sin poder cambiar de dirección. Es bueno salirse del túnel de lo evidente, de las opiniones cerradas, las de uno mismo y las de los demás. ¡Hay que estar abierto a lo inhabitual, a lo inesperado! No perdamos la capacidad de sorprendernos y de descubrir una realidad compleja y apasionante. ¿Cómo lo arreglamos? ¿Cómo dejamos de ser esclavos? Descubramos algunos de los mecanismos principales que nos atrapan en sus redes. Uno de los principales es, sin duda alguna, el miedo.

No se puede vivir con miedo

El miedo es una emoción primitiva y poderosa que nos condiciona hasta límites insospechados porque actúa sobre la parte más emocional, y por tanto más irresistible, del cerebro. Nos avisa de que puede haber peligro y actúa como nuestro guardaespaldas, nos mantiene con vida. Pero para no vivir presos de miedos superfluos o exagerados hay que aprender a reconocer el miedo y a gestionarlo.

El miedo tiene dos respuestas muy diferenciadas: la física y la emocional. La respuesta física se manifiesta cuando sudamos, se acelera el corazón, suben los niveles de adrenalina y la sangre inunda los músculos. Cuando tenemos miedo el cuerpo «grita»: «¡Huye o ataca!» y en efecto se prepara físicamente para huir o para atacar. Es una respuesta automática, fundamental para sobrevivir. Esta respuesta te lleva por delante, es más fuerte que la razón. Así como la respuesta bioquímica del cuerpo es una respuesta universal y automática, la respuesta emocional al miedo es particular y depende de cada persona.

- ¿Por qué hay personas que tienen miedo y otras que no?

En realidad todo el mundo tiene miedo y suele evitar las situaciones de riesgo real. Tememos a menudo lo que nos sorprende, lo que desconocemos, incluso a veces tenemos miedo de cosas absurdas.* Pero casi todos disfruta-

* Para demostrar que podemos tener miedo a cosas absurdas, porque nos descoloca una situación o porque nos recuerda una película de terror, por ejemplo, en *El Hormiguero* grabamos con

mos de la sensación de sentir miedo en un entorno seguro, por ejemplo en el túnel del terror de los parques de atracciones, en las películas... Por eso hay una importante industria del miedo. Tener miedo en el sofá de casa, bien resguardado, es muy divertido. Cuando hacemos deportes de riesgo o en situaciones en las que superamos el miedo, nos invade una sensación física estimulante: el subidón de adrenalina es intenso y emocionante, a la vez que la superación del miedo es placentera y relajante. Esta mezcla resulta muy excitante. Sin embargo, cuando te enfrentas repetidas veces a una situación similar te terminas acostumbrando y tu respuesta fisiológica, la respuesta corporal, disminuye. Para volver a sentir el subidón de adrenalina tendrás que buscar retos cada vez más fuertes. Por eso la gente a la que le gusta arriesgarse lo hace cada vez con mayor intensidad.

- ¿Cómo aprendemos a tener miedo?

Aunque nacemos con la alarma del miedo programada para sobrevivir, también aprendemos a tener miedo desde muy pequeños. Contaré un experimento algo macabro pero real. Imaginad a un niño de ocho meses, el pequeño Albert, al que unos psicólogos enseñan por primera vez una rata blanca, un conejo, un perro, periódicos quemándose... El pequeño Albert no tiene miedo a nada. Dos meses más tarde, lo ponen sobre un colchón en medio de una habitación con una rata blanca. Les dejan jugar. En

---

una cámara oculta a una niña en un hotel. La hipótesis era que si sacamos a un niño de contexto, podemos despertar miedos extraños en los adultos. En este caso le pusimos un camisón blanco a la niña, le echamos el pelo hacia delante y la soltamos en un pasillo. Si queréis ver lo que pasó, buscad en YouTube «Niña pasillo de hotel».

sesiones posteriores, los malvados psicólogos hacen un ruido muy desagradable cuando el niño acaricia la rata: por fin, el pequeño Albert se asusta y llora. Al cabo de unas pocas sesiones, el pequeño llora en cuanto la rata aparece en la habitación, ya sin necesidad de hacer el ruido. El bebé ha aprendido a asociar el ruido con la rata y a temer los dos. Con este experimento, al cabo de un tiempo el pequeño Albert temía no sólo a las ratas sino a cualquier animal con pelo que entrase en la habitación y que le recordase a la rata, incluso un Papa Noel con barba blanca, o un abrigo de pelo, o un perro. Es decir, que el pequeño Albert ya había aprendido a tener miedo.*

- Y de mayores, ¿también aprendemos miedos nuevos?

Sí. Imagina que estás conduciendo y suena una canción de los Rolling en el coche. Y de repente, en una fracción de segundo, aparece una luz que se precipita contra la parte derecha de tu vehículo y algo impacta contra ti. Durante esa fracción de segundo del impacto, todo va a cámara lenta: ves a alguien en la calle con un impermeable que te mira asombrado, ves las ramas de un árbol rozar la ventanilla del coche y por fin éste se estrella.

Acabó el impacto físico. Pero el impacto emocional sigue. La adrenalina y otras hormonas del estrés están disparadas en tu cuerpo y por tanto, si no estás muerto o inconsciente, estás muy alerta. Es algo casi sobrehumano. Todos los detalles del impacto están en tu cerebro, los puedes ver una y otra vez. Durante las semanas posteriores, aunque tu memoria vaya desdibujándose, los detalles seguirán allí y te obsesionarán. Y cuando años más tarde

* Nadie sabe qué fue del niño, pero este experimento fue uno de los últimos experimentos «oficiales» que se hizo a costa de seres humanos, pues ahora a las personas nos protege un código ético.

veas un destello de luz como la del accidente, o escuches la música que tenías puesta en el coche, o veas un impermeable como el del hombre que te miraba la noche del accidente... tu cuerpo responderá con mucho miedo. Tienes un recuerdo emocional grabado en el cerebro y a partir de entonces conducir de noche te asusta. Escuchar a los Rolling te recuerda al accidente. Las ramas de los árboles te inquietan. A veces ni recuerdas por qué, pero tu cerebro sí lo recuerda, es su forma de intentar protegerte, y te dice: «Eh, chico, ¡ese recuerdo es muy importante! Lo pasaste fatal... No lo olvides. Yo te lo recordaré cada dos por tres para protegerte». Es decir, que el cerebro almacena los recuerdos por si pueden ayudar a salvarte en otra ocasión.

- Cuando hay un posible peligro, ¿cómo le llega la información a mi cerebro?

Cuando hay una señal de peligro la información le llega al cerebro por dos caminos: por uno largo, consciente y racional que analiza la información despacio, y por otro que va directo a la parte del cerebro más emocional, un atajo inconsciente y automático. Este tipo de miedo —el miedo condicionado, automático, el que siente el pequeño Albert cuando ve algo con pelo, el que siente la persona que tuvo el accidente cuando escuchaba a los Rolling...— es una de las técnicas más útiles de la madre naturaleza para ayudarnos a sobrevivir en un entorno impredecible.

Por ejemplo, imagina que caminas por un bosque y que ves de pasada algo largo y sinuoso que hace un ruido siseante... Antes de que puedas decir o pensar la palabra «serpiente», ya te paralizas. La información está viajando a tu cerebro por dos caminos. Por el largo, buscarás asociaciones con información concreta que tienes almacenada allí: tus recuerdos de infancia de alguna serpiente, las películas de Indiana Jones... Por el otro camino, por el atajo emocional, la información llega de forma mucho más sencilla, sin tanto detalle: la parte emocional del cerebro echa las campanas al vuelo y el cuerpo se paraliza, sale huyendo o ataca. Y lo hace sin que tú le tengas que dar la orden consciente.

- ¿Podemos borrar los recuerdos emocionales del miedo? ¿Podemos evitar que nos persigan?

Es muy difícil eliminar los recuerdos emocionales. Estamos programados para no hacerlo: tenemos menos circuitos que van del cerebro racional al cerebro emocional que al revés porque el cerebro no quiere que interfiramos cuando hay peligro. Esto era muy útil en entornos llenos de depredadores, cuando sobrevivir era algo vital minuto a minuto. Pero si lo que te estresa es el tráfico o la opinión del jefe... no es un buen sistema para la vida diaria.

- ¿Y los miedos exagerados?

Aproximadamente un 10 por ciento de las personas adultas tienen algún tipo de fobia, de miedos patológicos que requieren ayuda médica. También tenemos muchos miedos corrientes que pueden resultar molestos pero con los que muchas personas conviven a diario:

El miedo a los insectos: en un estudio se constató que niñas de once meses asociaban muy deprisa la imagen de una araña o serpiente con una cara de susto, cosa que no hacían los chicos. Este miedo tiene probablemente una explicación evolutiva: antiguamente, las mujeres se enfrentaban a las serpientes y las arañas constantemente mientras recolectaban comida en el campo. El reflejo de huir y de sentir asco las protegía a ellas y a sus hijos de picaduras y mordeduras. En cambio los hombres, que eran los cazadores e iban tras el mamut y el oso, no podían darse el lujo de asustarse frente a una araña así que la madre naturaleza favoreció a aquellos hombres que no huían frente a un bicho, fuera del tamaño que fuera.

El miedo a volar: millones de personas en el mundo tienen miedo a volar en avión. Cuando existe fobia, hay quien tiene miedo de que el avión se caiga o quien teme padecer un ataque de claustrofobia. La terapia clásica para superar esta fobia es muy eficaz. Aunque en principio los datos racionales por si solos no sirven para sobreponernos a las fobias, si lo que tenemos, en vez de fobia, es simplemente miedo, recordemos que las posibilidades de morir en un accidente de avión son de una entre veinte mil, una minucia comparada con el uno entre cien de hacerlo en un accidente de coche o el uno entre cinco de una enfermedad de corazón.

El miedo a la oscuridad: es uno de los miedos más corrientes de los niños y hay que comprenderles, pues está justificado. ¿Por qué? Porque se debe ante todo a su gran imaginación. Ellos piensan que cualquier cosa es posible, que hay gente que vuela, que hay monstruos y hadas... y la oscuridad agrava su lógico temor a lo inesperado. ¿Quién sabe qué cosas mágicas y extrañas se esconden en esa oscuridad? A medida que vayan comprendiendo mejor el mundo que les rodea y que distingan entre realidad y ficción, superarán naturalmente su miedo a la oscuridad.

El miedo al dentista: entre un 9 y un 20 por ciento de personas dicen que les angustia ir al dentista, y alegan miedo a las inyecciones, sensación de desprotección y falta de control. Un truco para aliviar el miedo es pactar con el dentista que en cuanto estés incómodo, levantas la mano y él hace una pausa en la sesión; así recuperarás sensación de control y te relajarás un poco.

¿Tienes miedo de algo, o de muchas cosas? Pues recuerda que el miedo es sólo una alarma muy antigua que llevamos programada en el cerebro. Era una alarma estupenda cuando el mundo estaba lleno de peligros y de amenazas, pero hoy no podemos vivir con la alarma puesta las veinticuatro horas del día. El miedo te tiene que proteger pero no te debe limitar. Mira a tus miedos a la cara, compréndelos y conseguirás derrotar a muchos de ellos. ¡No se puede vivir con miedo!

Ruta 5. Tormentas y borrascas: la gestión de las emociones negativas

Las emociones negativas —la tristeza, el desprecio o la ira— no son buenas ni malas: son útiles o son perjudiciales. Tienen, como todas las emociones, una razón de ser evolutiva. Como acabamos de ver, si sentimos miedo porque hay un peligro real, este miedo puede ser muy útil porque nos incita a huir o agredir para defendernos. Igualmente, la ira puede darnos alas para defender aquello en lo que creemos, y en este sentido puede ser el germen de la justicia social. No se trata pues de querer anular estas emociones o negarlas sino de aprender a gestionarlas para que su fuerza no sea arrolladora y su expresión pueda manifestarse a la medida de lo que necesitamos para resolver un conflicto de forma constructiva. Veamos las claves de la ira.

- ¿Por qué nos enfadamos?

Recordad esto: cuando os enfadáis, estáis siendo víctimas de un secuestro. Sois rehenes de una respuesta automática. ¿Por qué? Sabemos que el cerebro tiene una parte más emocional y otra más racional. La parte más emocional incluye la amígdala, una especie de guardián del cerebro que tiene el poder de secuestrar al resto de la mente más racional en un milisegundo.

- ¿Cómo ocurre este secuestro?

Es muy sencillo: normalmente el cerebro procesa la información que le llega del exterior desde el tálamo, que dirige esta información a la corteza cerebral. Y de allí, pasa a la amígdala, y eso genera péptidos y hormonas que fomentan determinadas emociones y reacciones. Ahora bien, si el cerebro cree que hay un peligro envía toda la información directamente a la amígdala, despreciando el cerebro racional. Así ocurre cuando te sientes amenazado o disgustado y reaccionas de forma irracional y posiblemente destructiva. Recuerda que se trata de una parte del cerebro primitiva, diseñada para sobrevivir y no para tomar decisiones complejas, ya que el cerebro humano se diseñó hace unos cien mil años y sigue funcionando con parámetros poco actualizados que reaccionan violentamente cuando sienten que hay peligro. Eso es lo que Daniel Goleman llama «secuestro emocional», y ocurre en un milisegundo cuando el cerebro emocional cree que debe salvarte la vida.

- Parece un mecanismo interesante... ¿no?

Ya, pero también te puede arruinar la vida. O por lo menos la noche. Es un mecanismo interesante si realmente tu vida corre peligro y el cerebro tiene que hacer huir o agredir de forma instantánea. Pero en una cena de Navidad, cuando tu vida no corre peligro, no sólo no te sirve esta reacción instintiva, este secuestro emocional, sino que te perjudica. Porque ante cualquier situación sin riesgo para tu vida, aunque quizá altamente estresante, como esa tradicional discusión de Nochebuena con tu cuñado, puede reaccionar de forma exagerada ante un peligro que no es físico, sino emocional. Nuestro cerebro estaba programado para reaccionar así ante peligros físicos, pero ahora seguimos reaccionando igual ante peligros emocionales, que son los más corrientes en las vidas que tenemos hoy en día. A tu mente racional la secuestra una respuesta emocional.*

- ¿Cómo sé si me estoy dejando secuestrar por la amígdala, por la parte más emocional del cerebro?

  Hay tres indicios que deben alertarte:
  - Sientes una reacción emocional muy fuerte.
  - Todo es muy rápido y se te escapa de las manos.
  - Intuyes que después del secuestro emocional te darás cuenta de que la reacción no era apropiada, que era desmesurada.

Tenemos ejemplos famosos de personas que fueron secuestradas por su amígdala, como el caso del futbolista Zinedine Zidane, que frente a millones de espectado-

* El neurocientífico Matthew Lieberman ha encontrado una relación inversa entre la amígdala —el centro emocional del cerebro— y la corteza prefrontal. Cuando la amígdala se activa con sangre y oxígeno, la corteza prefrontal está menos activa, por lo que se ralentizan nuestras capacidades cognitivas y hay déficits en nuestra resolución de problemas, un efecto similar al de perder entre diez y quince puntos de cociente intelectual de forma temporal.

res de más de doscientos países dio un cabezazo a Materazzi, durante la final del mundial de fútbol de 2006. Le echaron del partido, Francia perdió y Zidane cargó con las culpas de una situación controvertida. El incidente supuso un final de carrera desastroso para el prestigioso futbolista. Fue un claro caso de secuestro emocional, una reacción emocional muy fuerte y repentina que sin duda obedecía a una provocación pero cuya consecuencia, aunque el futbolista pidió perdón, fue nefasta para Zidane y para su equipo.

Recuerda que poca gente puede obligarte a hacer cosas que no quieres, pero tu amígdala sí puede…

- ¿Por qué se dan tantos enfados en Navidades?

Los estudios muestran que no somos conscientes, a menudo, de las emociones negativas que albergamos, en parte porque muchas están escondidas en la parte más oculta de la mente. Nos dejamos llevar inconscientemente por la frustración, la decepción, la ira, la tristeza, el desprecio o los sentimientos heridos. Los entornos que despiertan estos sentimientos disparan nuestras reacciones emocionales más automáticas. Las familias son un terreno fértil para los secuestros emocionales porque acumulan años de agravios que tal vez no hemos sabido solucionar a medida que ocurren. Típicamente, las familias tienen tendencia a no hablar abiertamente de los problemas y estos se entierran y reprimen para no amenazar el equilibrio familiar. Pero los problemas y los resentimientos siguen allí, y de repente cualquier palabra o una mirada inoportuna te trae recuerdos dolorosos que encienden la chispa del secuestro emocional.

- ¿Podría evitarse que los conflictos se enquisten en el entorno familiar?

Podría, aunque generalmente ni en casa ni en la escuela nos enseñan a solucionar conflictos y estos se enquistan. Por ello, ante cualquier provocación, grande o pequeña, el cerebro percibe peligro y dolor y reacciona instintivamente. Así es como llegamos al secuestro emocional, porque una palabra te ha recordado de repente que alguien querido «no me trata bien», «no me cuida», «nunca lo ha hecho»... Llegas a casa por Navidad y asocias el entorno y los comportamientos, sin casi darte cuenta, a recuerdos que te exasperan, te duelen o te aburren. Por cierto, cuando estás aburrido eres casi tan «peligroso» como cuando estás enfadado.

- «No me gusta la Navidad, aunque no sé por qué.»

Otra razón que podría contribuir a los enfados navideños es que el sentido de la Navidad ha cambiado. Las fiestas navideñas eran un momento muy especial cuando las familias se veían menos, cuando se comía peor, cuando para muchos tenía un significado específico... Ahora se han convertido para muchas familias en algo muy material, unos días que generan expectativas, obligaciones y estrés pero que a muchas personas les aportan relativamente poco. Este sentimiento de decepción general con la Navidad nos afecta cuando nos reunimos y nos hace más sensibles al secuestro emocional.

¿Qué podemos hacer para no ser víctimas de un secuestro emocional?

– *El «segundo mágico».* La neurociencia revela que tenemos un cuarto de segundo mágico durante el cual podemos rechazar un impulso emocional destructivo. Si logras detectar las señales del enfado antes de que esos automatismos emocionales te hayan secuestrado podrás controlarlos.

– *Ponle nombre a lo que sientes.* Otra técnica muy eficaz que llevan décadas recomendando los psicólogos es identificar y nombrar tus sentimientos negativos. Por ejemplo, «estoy muy enfadado por lo que me hizo el año pasado», o «siento desprecio por él porque engañó a mi hermana». Ahora sabemos, gracias a los escáneres cerebrales, que poner nombre a un sentimiento reduce su intensidad y devuelve poder de decisión a la parte más racional de tu mente.*
– *«¿Importará dentro de cinco años?»* Para darte tiempo a poner las cosas en contexto, pregúntate si lo que te inquieta o enfada importará dentro de unos años... Para ayudarte, respira lentamente antes de seguir hablando; eso te permitirá ganar tiempo y tranquilizar tu amígdala.

- ¿Y si el enfado ya me ha secuestrado?

Si hemos caído en la trampa y la amígdala nos ha secuestrado, podemos intentar recuperar la calma lo antes posible. No es fácil, porque ¿os habéis fijado en que, cuando nos enfadamos o disgustamos, tardamos horas en recuperar la calma? Nos cuesta dormir esa noche. Ello es debido al cóctel de hormonas estresantes que nos han in-

* Estudios de la Universidad de California (UCLA), por ejemplo, demuestran que cuando nombramos una emoción, la corteza prefrontal fabrica péptidos que inhiben la amígdala —recordemos: el centro emocional del cerebro— sobreactivada. La inteligencia emocional tiene mucho que ver con lograr equilibrar y armonizar la parte emocional y la parte racional del cerebro; es decir, con potenciar la corteza cerebral y calmar la amígdala.

vadido durante el secuestro emocional. Esas hormonas nos impiden calmarnos. Pero cuando estamos alterados hay formas inteligentes de ayudar al cuerpo y a la mente a gestionar el deseo de venganza.

¿Nos satisface realmente la venganza?

¿Nos quedamos a gusto cuando nos vengamos de alguien? En un experimento de la Universidad de Zúrich, se pidió a los participantes en el mismo que imaginaran que se estaban vengando de un enemigo; de entrada experimentaron un gran goce y se iluminó un potente centro de placer del cerebro. Pero investigaciones de las universidades de Virginia y de Harvard muestran que, en realidad, vengarse de alguien no produce a medio plazo el placer que esperábamos. Hay dos razones principales:

- Cuando te vengas, sigues pensando en la persona odiada por más tiempo que si no te vengas. Es decir, te dejas atrapar por pensamientos que te hacen sentir mal. Convives a la fuerza con lo que más te desagrada y prolongas las emociones negativas.
- Puede que hayas conseguido vengarte, pero ahora la persona de la que te has vengado está furiosa contigo. Tienes un enemigo que te amenaza y eso te da miedo. La venganza es un círculo vicioso: «Tú me haces daño y yo te lo devuelvo» que tiene un coste tremendo porque escala muy rápidamente y te pone en peligro.

- ¿Hay alguna forma de vengarse que dé gusto y no me haga sentir culpable ni vulnerable?

Las investigaciones muestran que si alguien se venga por ti te sientes menos mal. Pero tiene que ser alguien neutro y ajeno; un ejemplo legal sería dejar que la justicia actúe, un ejemplo alternativo y muy desaconsejable sería contratar a un matón. ¿Por qué te sientes menos mal si otro se venga por ti? Pues porque el peligro que acabamos de comentar ya no se cierne sobre ti tan directamente: no das la cara y eres anónimo, así que no tienes tanto miedo. Pero si has recurrido a un matón o al anonimato, ¿te sientes bien siendo mezquino y cobarde? Internet está llena de ejemplos de «destructores» y «vengadores» anónimos que nunca se atreverían a dar la cara.

Desescalando la escalera de la ira y la venganza

- ¿Qué podemos hacer para aliviar el deseo de venganza?

Hay cinco pasos muy eficaces que te van a ayudar a calmar tu ira sin dañarte ni dañar de forma innecesaria a nadie. Para explicarlos, vamos a imaginar una escalera con la que vamos a desescalar el conflicto y la ira. Estamos en lo alto de la escalera, llenos de enfado y de odio, y queremos vengarnos... ¿Qué hacemos?

Peldaño 1: Respira hondo. ¿Por qué? Un recurso muy bueno contra la ira es centrar la atención en la respiración profunda, desde el vientre, que por sí sola produce cambios en el cerebro: vas a generar más hormonas de las que te hacen sentir mejor, como la serotonina y la endorfina, y vas a mejorar la coordinación entre los dos hemisferios cerebrales.

Te ayudará imaginar una señal gigante de ¡¡STOP!! Ahora puedes pensar no sólo en el corto plazo, sino también en las consecuencias a medio y largo plazo si te vengas.

Peldaño 2: Un pensamiento negativo daña tu cuerpo durante seis horas. ¿Por qué? ¡Cuida tu cuerpo! Un pensamiento negativo debilita tu sistema inmunológico durante seis horas. Además el estrés continuado —esa sensación de agobio permanente— daña tu cerebro. Vas a razonar menos bien porque llegará menos riego sanguíneo a las zonas del cerebro más necesarias para que puedas tomar las decisiones adecuadas.

Así que para y piensa en el daño que te estás haciendo. ¿Merece la pena?

Peldaño 3: Qué elijo, ¿justicia o felicidad? Elige la felicidad. ¿Por qué? La teoría de la justicia dice que la vida debería ser justa o igual para todos. Pero como la vida no es así, esta teoría te lleva a una vida llena de reproches y de amargura contra todo y contra todos. Pensad en los ejemplos, que seguro que conocéis, de personas que viven empeñados en la teoría de la justicia, amargados y enfadados. ¿Dicen que son razonables? ¡Pues no seáis tan razonables! ¡Sed felices! Cuando me guío por la teoría de la felicidad, elijo aquello que contribuye más a mi felicidad y a la de los demás, por encima de todo. Así no disminuyo el valor de mi vida y de todo lo que la llena comparándome con los demás.

Peldaño 4: Ponte en su piel. ¿Por qué? Sabemos que ponerse en la piel del otro es muy eficaz para aliviar nuestro deseo de venganza. Pregúntate si esta persona quiere dañarte o si en realidad cree que sólo se está defendiendo. La mayor parte de las personas no hacen daño por ensañarse con los demás, sino porque creen que se están defendiendo. Este convencimiento te ayudará a superar al menos una parte de tu deseo de venganza. Para ello, intenta sentir y comprender la situación desde el punto de vista del otro.

Peldaño 5: Desahógate de forma constructiva. ¿Por qué? Mucha gente dice que es importante aliviar la ira con ejercicio violento, «sacando la agresión hacia fuera». Pero aquí no todo vale: sirve realizar actividades enérgicas, como correr, caminar o ir en bicicleta; sin embargo, si eres físicamente agresivo —si quemas un coche o clavas agujas en una muñeca que tiene la cara del jefe...— te sentirás mejor un momento porque «sueltas humo», pero estarás reforzando un comportamiento destructivo que a medio plazo sabemos que no te hará feliz.

Si tuviésemos que resumir todo lo que hemos comentado en una sola frase, podríamos decir que perdonar no es olvidar: es recordar lo que nos ha herido y dejarlo ir. Y esta reflexión nos lleva a plantearnos ahora por qué, a pesar de que actúan como un veneno para el cuerpo y la mente y no parecen servir a un fin claro, a veces nos empeñamos en agarrarnos a pensamientos negativos y a desear el mal a los demás.

La Schadenfreude: «Quiero que fracases» o por qué nos alegramos de la desdicha de los demás

El concepto del que estamos hablando se llama en literatura científica «*Schadenfreude*», una palabra alemana que evoca un sentimiento universal: regodearse ante el fracaso de los demás. La *Schadenfreude* se agudiza si hay razones para creer que se está haciendo justicia («se lo merece...»), pero eso no explica por qué a veces nos alegramos del dolor ajeno. Se puede desear justicia sin ser un sádico.

- ¿Hay alguna explicación razonable a esto, o es que sencillamente somos malas personas y ya está?

Como nos es muy fácil ponernos en la piel de los demás, cuando les pasa algo malo pensamos: «Menos mal que eso no me ha pasado a mí...». Es un reflejo natural que te hace sentir bien y a salvo. Pero alegrarse por la desdicha ajena —la *Schadenfreude*— tiene mucho que ver con la envidia.

- ¿Y de qué sirve la envidia?

Desear lo que tiene el otro, si no lo llevas a extremos, es una forma de mantener conexiones con el grupo, de competir, de no quedarte atrás. Pero, ojo, porque cuando sientes mucha envidia se activan nodos de dolor físico en tu cerebro. La envidia duele. En cambio, cuando un envidioso se entera de que a la persona que envidia le va mal, se le activan los centros de recompensa del cerebro. Y eso le alivia el dolor que siente.

- ¿Quién se alegra más por la desdicha ajena?

Un estudio del año 2012 de la Universidad de Leiden, en Holanda, revela que cuanto menos autoestima tienes, más posibilidades hay de que sientas alegría, en vez de compasión, cuando les va mal a los demás. Es porque te da la sensación de que no sólo tú eres un «fracasado».

- ¿Y esto tiene algún remedio? ¿Podemos hacer algo para no sentir envidia por los demás y desearles el mal?

La envidia paraliza y envenena, te obsesionas con una sola persona en vez de intentar transformar el sistema que ha permitido que esa persona se equivoque. Recordad que una emoción intensa de signo negativo se cura con otra emoción intensa del signo opuesto. Contra la envidia, podemos visualizar, imaginar, cómo cuidamos y deseamos lo mejor incluso a aquellos que consideramos enemigos... La justicia no está reñida con la compasión.

Al final de nuestra infancia, salimos al mundo exterior armados con nuestras experiencias familiares, y sentimos amor y miedo y curiosidad en la medida en la que aprendimos en nuestras casas. Es fácil que lleguemos a manipular a las personas —tanto a los amigos como a los amores— para que encajen en nuestros guiones; por eso, si tu infancia fue sobre todo negativa, te será más difícil tener amigos y amores sanos. Como buena parte de tu guión aprendido es inconsciente —lo tienes grabado en tu cerebro pero no eres consciente de ello ni de su poder—, el esfuerzo por comprender nuestro pasado y nuestras circunstancias nos libera. Comprende qué te hace ser como eres y podrás transformarlo.

Ruta 6. ¿Quieres cambiar de rumbo?

Estamos programados para cambiar: la plasticidad cerebral

Podemos cambiar. Aunque intuitivamente tememos que sea difícil, ello nos ocurre porque no hemos aprendido a gestionar un cerebro cuyas estructuras y funciones, contrariamente a lo que se creyó durante décadas, están preparadas para cambiar. Esta característica extraordinaria del cerebro es lo que denominamos «plasticidad cerebral», algo que el neurólogo Norman Doidge, autor de *El cere-*

bro que se cambia a sí mismo, define como la característica del cerebro de ser cambiable y adaptable. La plasticidad del cerebro es lo que le permite modificar sus estructuras y funciones en respuesta a las experiencias mentales. Éstas incluyen sentir, percibir, planear o ejecutar acciones motoras e imaginar.

- ¿Por qué solemos elegir los comportamientos rígidos?

Es lo que Norman Doidge denomina «la paradoja de la plasticidad»: nuestros cerebros están preparados para adoptar comportamientos rígidos o flexibles según cómo entrenemos el cerebro.

- ¿De qué forma se fijan los hábitos, los pensamientos y los comportamientos en el cerebro?

Vamos a verlo con una de las imágenes que utiliza uno de los grandes neurocientíficos, Alvaro Pascual-Leone, que sugiere esta imagen para comprender cómo funciona nuestro cerebro: imagina que tu cerebro es una montaña nevada en invierno. Hay elementos de esta montaña que te vienen dados, como la pendiente de sus laderas, las rocas, la consistencia de la nieve... Eso serían nuestros genes, y nacemos con ello.

Ahora imagina que coges un trineo y que empiezas a bajar esta montaña. La primera vez que bajes seguirás el camino más fácil en función de las características de la colina y de cómo conduces. Si te pasas la tarde entera bajando en trineo crearás varios senderos y te gustará mucho usarlos; estarán muy marcados por las huellas del trineo y cada vez te costará más salirte de esos caminos para crear senderos nuevos. Ése es tu cerebro. A fuerza de repetir las cosas más o menos igual, las haces de forma automática. Eso te puede llevar a adoptar hábitos buenos y hábitos malos.

Una vez que creas hábitos malos, es difícil salirte de ellos porque son caminos veloces y bien trillados por los que el trineo se desliza solo. Si quieres cambiar esos caminos tendrás que bloquear el impulso de seguirlos para poder, deliberadamente, abrir nuevos senderos. Esto implica que la característica que ahora conocemos del cerebro —su plasticidad, su capacidad para cambiar físicamente y para renovarse— tiene un lado bueno y otro malo. El malo es que nos cuesta desaprender los comportamientos una vez que los hemos consolidado. El bueno es que podemos cambiar si aprendemos a deshacer caminos.

Explica Norman Doidge que lo que los humanos tendemos a hacer es a observar nuestros comportamientos rígidos, creados por nosotros mismos, y afirmar: «Mi cerebro es rígido, yo no puedo cambiar ni alterar lo que hago». ¡Pero claro que tu cerebro puede cambiar! Simplemente ocurre que has fomentado comportamientos rígidos y automáticos, y que cuando no usamos determinadas funciones cerebrales alternativas éstas empiezan a degradarse.

- Si cambiar no sólo es posible sino que estamos dotados para ello, ¿por qué nos cuesta tanto?

El cambio mental requiere un esfuerzo, exactamente en la misma medida en que lo requiere el cambio físico. Pero así como podemos decidir qué cambios físicos queremos —una tripa más firme, una cintura más fina, más resistencia cuando corremos...— y podemos medir esos cambios de forma concreta, los cambios psicológicos son mucho más sutiles y tenemos menos facilidad para diagnosticar los que son necesarios y medir su impacto en nuestra vida. De momento, ése es el papel del psicoterapeuta, pero en las próximas décadas, a medida que los métodos diagnósticos sean más automáticos y más fiables y que podamos contar con una forma de autoevaluarnos y modular los tratamientos terapéuticos en función de las necesidades, cambiar será un proceso mucho más familiar y corriente.

- ¿Entonces la psicoterapia podría definirse como un tratamiento neuroplástico?

Exactamente. La psicoterapia y cualquier tratamiento psicoterapéutico eficaz conlleva determinados cambios en el cerebro. Esto se ha visto en escáneres cerebrales después de llevar a cabo trabajo psicodinámicos, terapias conductivo-conductuales y trabajos interpersonales, y también se aprecia en algunas terapias específicas que se han desarrollado para comprender el alcance de la neuroplasticidad. Es importante ser consciente de ello, ya que en los años sesenta, setenta y ochenta se creía que las terapias eran «sólo hablar», y que las únicas intervenciones biológicas reales tenían que ver con la medicación. Ahora sabemos que no es así: las terapias en las que el paciente habla son, según Norman Doidge, como operaciones de microcirugía. Cuando ayudamos a las personas a recordar un trauma, activamos los circuitos cerebrales asociados a este trauma y esos circuitos, cuando se activan, se vuelven más maleables, como han demostrado científicos como Joseph LeDoux de la Universidad de Nueva York. Cuando un circuito es más maleable, es más fácil volver a programarlo. Por ello a veces es importante hablar del pasado en las terapias, porque no puedes cambiar las redes cerebrales si no las activas. La psicoterapia se centra en esos dos procesos: desaprender y aprender, y ambos son procesos plásticos.

- ¿Qué circunstancias nos llevan a cambiar, es decir, a activar nuestro potencial plástico de nuevo?

Por ejemplo, cuando tenemos que colaborar con

otro ser. No podríamos colaborar con otras personas si fuésemos demasiado rígidos. Ésa sería una buena razón: somos más receptivos al aprendizaje cuando somos colaborativos. De hecho, las personas que se comprometen en relaciones amorosas maduras perciben este proceso de apertura al otro: enamorarse invita a aprender y a cambiar, y es un tiempo muy fértil desde el punto de vista plástico. Por ello, es importante dedicar tiempo al principio de una relación a consolidar comportamientos constructivos que formen una base sana para la relación, y a deshacer patrones interpersonales negativos.

- Cuando aprendemos algo nuevo, ¿ese aprendizaje tiene un efecto inmediato en el cerebro?

Sí, definitivamente. Ahora sabemos que cuando cambiamos el comportamiento y los esquemas mentales estamos utilizando la forma más contundente de producir cambios biológicos en el individuo. Numerosos estudios lo avalan, entre ellos los del científico Eric Kandel, que han demostrado que cuando un animal aprende algo no sólo cambia el número de conexiones sinápticas entre dos neuronas —y estamos hablando de entre mil trescientas y dos mil seiscientas a medida que el animal aprende o desaprende algo—sino que determinados genes se activan en las neuronas para fabricar proteínas y lograr esa conexión. Esto nos da la clave de que nuestra vida mental puede influir en la expresión, o activación, de determinados genes.

- ¿Influye el sueño en mi capacidad de aprender o desaprender?

¡Desde luego! Estamos comprobando que el cerebro consolida estos cambios durante el sueño. Es por ello por lo que una siesta o una buena noche antes de un examen son importantes. Aunque parece que no ocurre nada cuando dormimos, en realidad consolidamos y ordenamos aprendizajes y emociones durante el sueño.

- ¿Por qué a veces siento como si nada cambiase, aunque lo esté intentando?

Nos inspira escuchar historias acerca de personas que logran consolidar grandes cambios, que consiguen llevar a cabo una dieta importante, recuperarse de determinados accidentes cardiovasculares o lograr vivir de forma autónoma con sólo medio cerebro... Y es que los humanos somos capaces de llevar a cabo grandes cambios, sobre todo si nos enfrentamos a grandes retos, porque en esos momentos la alternativa es sobrevivir o resignarse. Pero en todos los casos estos cambios requieren un trabajo deliberado paciente y a veces considerable. En los procesos de cambio existen lo que se denomina «mesetas de aprendizaje»: cuando realizamos los ejercicios que nos permiten estimular las neuronas, hay momentos durante los cuales el trabajo del cerebro es, sobre todo, consolidar el aprendizaje, periodos necesarios en los que los cambios sintomáticos son menos evidentes, aunque no significa que nada cambie.

- Dame algún ejemplo práctico de cómo puedo deshacer caminos mentales y emocionales a través de un cambio de comportamiento.

Vamos a centrarnos en algunos ejemplos de cambio que podemos poner en marcha de forma sencilla y consciente. Dice Oliver James, un reconocido psicólogo británico, que si no comprendes tu pasado estás condenado a repetirlo. Hemos visto en estas páginas que la familia es un entorno donde tendemos, por costumbre, a repetir patrones mentales y emocionales. Por ello sugerimos estas maneras prácticas de cambiar:

- *Revisa tu guión familiar.* Jugamos un papel estático en nuestras familias. En la próxima reunión familiar, como si estuvieses en medio de un pequeño teatro, juega a cambiar ese guión. Si eres el que siempre se acuerda de llevar regalos en Navidad, olvídate este año. Si eres el que siempre ayuda a recoger, instálate como si nada en el sofá después de comer. Si eres el que siempre llega tarde, llega a la hora por esta vez. Verás algo curioso: ¡Todos se resistirán a que cambies!
- *Cambia de entorno.* Es difícil cambiar en el mismo entorno en el que se generaron nuestros comportamientos y emociones problemáticos. Cambiar es mucho menos complicado si cambiamos de entorno, o si cambiamos algunas características de nuestro entorno: amigos, aficiones, trabajo, casa, barrio, rutinas...
- *Haz de tu vida una creación permanente.* Cambia algunas cosas de forma consciente y deliberada. El ejercicio consiste en que todos los días voy a hacer un gesto distinto: ir a comprar el pan por otro camino, hacer la cama de forma distinta, freír un huevo de otra manera, vestirme un poco diferente, no sentarme siempre en el mismo lugar en la mesa... Reinvento cada acción automática, hay muchas en nuestras vidas. Impongo conciencia y no camino de forma automática sino que hago de mi vida una creación permanente.

Los humanos necesitamos estabilidad. Pero demasiada estabilidad puede significar que hemos renunciado a utilizar nuestras capacidades, nuestra creatividad, que nos encerramos en un papel y en un guión que aprendimos en la infancia y que tal vez no nos hace felices. No seas un esclavo sin saberlo. Cuestiona cómo vives, lo que eres y cómo te relacionas con el resto del mundo. Escribe tu propio guión y reinvéntate.

CAPÍTULO TRES

LAS EMOCIONES SE CONTAGIAN COMO UN VIRUS

Recursos para manejar la diversidad y la empatía

Mi hija Tici quiere aprender francés. Le he preguntado que por qué y me lo ha explicado con ese mohín paciente que pone cuando me tiene que explicar algo obvio: «¿Y si un francés me pregunta que si quiero un cruasán? Tendré que poder contestarle», apuntó con absoluta convicción. Queda claro que uno debe estar preparado para cualquier situación, y por ello llevamos un tiempo practicando francés, mezclando tenazmente los cruasanes con la torre Eiffel. «*Comment allez-vous?*», canturrea Tici todo el día por casa. Es mucho más aplicada que yo, que tengo una cansina tendencia a olvidarme de las cosas importantes. Afortunadamente muchas veces ni siquiera requiere mi atención porque se contesta a sí misma: «*Très bien; merci, Madame*»; «*Très bien; merci, Monsieur*». El acento deja algo que desear, pero ella está lanzada.

¿Logrará Tici aprender francés? Ojalá. Pero tengo claro que los humanos, para navegar por nuestras extensas y complejas redes sociales, para colaborar, crear, amar y odiar a los demás, sólo disponemos de dos instrumentos básicos: las palabras, que pertenecen a una cultura particular y única, y las emociones, que son básicas y universales. Necesitamos entrenarnos en los dos ámbitos.

Vayamos por partes. Las palabras nacen en la corteza cerebral, una parte del cerebro muy desarrollada en nuestra especie, tanto que durante siglos olvidamos que nuestro cerebro es, sobre todo, emocional. Despreciábamos las emociones porque nos asemejaban demasiado a las demás especies y porque nos faltaban los medios técnicos para comprender sus mecanismos y su alcance. Hemos ensalzado la mente racional porque nos enorgullece poder hablar y divisar estrategias sofisticadas para crear y para conquistar. Pero las palabras, que nacen en la mente racional, son una herramienta cargada de intencionalidad, diseñada para lograr acuerdos de colaboración con nuestros congéneres aunque para ello haga falta engañar y manipular. Lo hacemos a diario sin cuestionarlo siquiera. ¿Quién dice lo que realmente piensa? Para sobrevivir y sacarle partido a la vida en sociedad, modulamos automáticamente la mayor parte de nuestros pensamientos porque no nos conviene hablar con transparencia.

No lamento que el lenguaje verbal no sea inocente: la palabra cumple una función estratégica en el desarrollo de nuestra especie. Pero como tantas personas, sueño con una forma de comunicarnos limpia, un idioma en el que pudiéramos siempre comprendernos, como una buena canción capaz de conmover a todos los seres del planeta o un poema que aliviase la tristeza de todos sus habitantes.

Ese idioma no es una quimera. Estamos programados para poder comunicarnos y comprendernos sin palabras, a través de las emociones, que conforman un idioma universal innato aunque históricamente hayamos tendido a menospreciar su alcance. Estamos dotados para ese idioma y a menos que seamos psicópatas —personas incapaces de sentir por los demás, que representan un porcentaje muy pequeño en la sociedad—, estamos mental y fisiológicamente programados para comprender y para sentir los mecanismos que dictan nuestros comportamientos y los del resto del mundo.

Más aún: somos psicólogos natos, cada uno de nosotros, expertos y doctores en comprendernos y en comunicarnos, aunque nos empeñemos en no desarrollar esta capacidad, uno de nuestros talentos más característicos.

Y es que para casi todos nosotros las emociones que nos habitan son grandes desconocidas. Durante siglos dedicamos nuestros esfuerzos a sobrevivir físicamente y esa tarea nos ocupó casi por entero, pero superada esa fase de supervivencia, en el mundo actual, donde priman la autonomía personal y los cambios permanentes, requerimos una alfabetización emocional de la que carecemos. No podemos amaestrar, gestionar y transformar aquello que nos resulta, en gran parte, incomprensible. Sólo si aprendemos a ser dueños, y no esclavos, de nuestras emociones podremos compartir, convivir y colaborar en paz. Ganas de hacerlo no nos faltan: la sed de Tici para comunicarse con los demás es un anhelo natural y poderoso con el que nacemos. Necesitamos aprender a fomentarlo en vez de cercenarlo.

No es sólo el desconocimiento del mundo emocional el que nos impide acercarnos a los demás. Hay otros elementos que frenan nuestra capacidad de empatía, por ejemplo la indiferencia, un obstáculo temible que, como veremos a lo largo de estas páginas, desactiva nuestra capacidad de comprender a las personas. La indiferencia suele ampararse en las prisas, la ignorancia o el desinterés. Si no miramos, el resto del mundo es invisible. Para evitarlo, para contrarrestarlo, necesitamos dedicar tiempo y atención al presente, mirar, tocar y escuchar para conectar con las emociones de los demás, para comprender los mecanismos mentales y emocionales, universales, que nos mueven.

¿Qué podemos hacer para potenciar el lenguaje de las emociones? Bastaría con ayudar a las personas a poner un nombre a cada emoción, a reconocer su grado y su impacto, a saber cómo gestionarlas para desactivar sus efectos cuando estos son nocivos o exagerados. Bastaría con facilitar el aprendizaje de las emociones para que pudiésemos comprendernos y expresarnos al margen del color de las palabras que hablamos. Es un sueño del que sólo nos separa la voluntad política y social de potenciar lo mucho que nos une, en vez de ahondar en lo poco que nos separa.

Ruta 7. Los vientos que me mueven

Las emociones se contagian como un virus

Las rutas que vamos a atravesar ahora no están hechas de polvo y tierra, sino más bien de agua y aire, y por ello casi no dejan huella visible, aunque erosionan y tiñen todo cuanto tocan... Son éstas las rutas más inconscientes y fluidas de cuantas recorremos, y su curso las lleva, como las aguas de un río, a desaparecer bajo tierra para emerger más adelante convertidas en catarata o torrente. Son aguas poderosas que requieren nadadores flexibles, intuitivos y rápidos. Naveguémoslas.

- ¿Qué son las emociones?

Las emociones son el resultado de cómo experimentamos, física y mentalmente, la interacción entre nuestro mundo interno y el mundo externo. Para un humano, las emociones se expresan a través de comportamientos, expresiones de sentimiento y cambios fisiológicos. Aunque las emociones básicas son universales, las experiencias emocionales, o sentimientos, son más personales en la medida en que se contagian del humor de cada persona, de su temperamento, personalidad, disposición y motivación.

• ¿Son importantes las emociones?

Cada gesto que hacemos, cada mirada sobre lo que nos rodea y cada sentimiento que nos mueve están dictados por una emoción. Las emociones no son un lujo o algo prescindible, no son una corriente de sentimientos y sensaciones pasajeros y sin importancia, sino que nos recorren a cada minuto y guían nuestro comportamiento a través del dolor y del placer. Las emociones son claves porque modulan cada uno de nuestros gestos, anhelos, deseos y motivaciones y nos empujan a recorrer el mundo, a resolver problemas, a intercambiar con los demás, a crear, descubrir, odiar o destruir. Como dice Maya Angelou, la gente olvida lo que dices, la gente olvida lo que haces, pero nunca olvida cómo la haces sentir.

• ¿Cómo se desarrollan las emociones?

Cuando necesito explicar en pocos minutos el impacto y el desarrollo de las emociones en nuestras vidas, a menudo recurro a la imagen de una joven chimpancé al que el primatólogo Frans de Waal llama *Rosi.** La mirada de *Rosi* me conmueve: sentada en las manos de su cuidadora humana, este pequeño chimpancé huérfano mira a la cámara, a la vida que la rodea, y lo hace de frente. Suele ser difícil captar la mirada de los jóvenes chimpancés cuando están con sus madres porque éstas les protegen de la mirada de los demás, o de una cámara fotográfica, apretándoles contra su regazo. En este caso, desde los brazos de su madre adoptiva humana, la mirada de *Rosi* es curiosa, confiada y alegre. A veces acompaño su imagen con un retrato de mi hija pequeña, una

* Desde la página web de Frans de Waal en la Universidad de Emory se puede acceder a esta y otras investigaciones: http://www.psychology.emory.edu/nab/dewaal

fotografía donde ésta mira a la cámara con la misma mezcla de alegría y confianza que muestra *Rosi*: me gusta recordar que tantas especies compartimos emociones básicas y una mirada alegre y confiada al nacer.

Muy pronto los sustos, golpes o desprecios que nos propina el entorno apagan o mitigan al menos una parte de la confianza inicial con la que llegamos al mundo. Por ello en los primeros seis o siete años de vida, los humanos conformamos los grandes patrones emocionales que dictan cómo nos vemos a nosotros mismos y cómo vemos a los demás. Grabamos entonces en nuestras mentes emocionales, y por tanto en nuestros comportamientos, si somos dignos de ser amados y si resulta seguro sentir curiosidad por el mundo que nos espera. Nuestras primeras experiencias con el amor y con la curiosidad empezarán a conformar patrones de respuestas automáticas en función de cómo nos tratan cuando somos pequeños. Arrastraremos estos patrones, estas respuestas automáticas, el resto de nuestras vidas. Modificar estos patrones exigirá en la edad adulta lograr primero descifrarlos, una labor lenta, consciente y deliberada comparada con el aprendizaje rápido, inconsciente e intuitivo de la infancia.

- Si tenemos todos las mismas emociones, ¿por qué parecemos diferentes?

Aunque a todos nos habitan emociones básicas y universales, nos desarrollamos y expresamos en función de nuestro perfil genético, de nuestras circunstancias y del entorno que nos rodea. Pero todos queremos ser amados, y si no nos aman buscamos formas de protegernos ante la indiferencia o la agresividad de los demás; y todos queremos explorar el mundo, pero si eso nos pone en peligro desarrollamos tácticas para que el mundo exterior no pueda agredirnos. Para algunos, eso significará una conquista ruidosa y fanfarrona; para otros, una renuncia a cualquier aventura o una serie de intentos de acercarse a los demás, seguidos de maniobras evasivas que desconciertan a nuestros allegados. La herida puede ser la misma para muchos, pero las formas de afrontar el dolor que ésta provoca serán siempre variadas.

No somos clones, somos genéticamente únicos. Por ello somos capaces de interpretar el mundo desde muchas perspectivas y de encontrar soluciones diversas a problemas universales, enraizados todos ellos en las emociones universales que nos unen. No habría catedrales, ni hospitales, ni vías de tren, ni escuelas, ni libros, ni sinfonías, si no fuésemos todos *algo* diferentes, pero lo bastante similares como para poder colaborar y crear y construir juntos. El pegamento de nuestras extensas y complejas redes sociales son las emociones que compartimos. Éstas nos unen tanto que no sólo podemos comprender lo que sienten los demás sino que, a menos que seamos psicópatas, podemos sentir físicamente las emociones de los demás. Llamamos empatía a esta capacidad innata de ponernos en la piel de los demás.

- ¿Qué nos aleja de nuestra tendencia innata a sentir por los demás y a ayudar?

Muchos elementos pueden impedir que las personas actúen desde su capacidad colaborativa y empática. El desarrollo de la empatía, por ejemplo, está ligado a la necesidad básica de apego, es decir, a cómo hemos experimentado el amor y la seguridad en nuestros primeros años de vida. Las personas que crecieron desconfiando del amor de sus padres generalmente se mantienen en la fase egocéntrica del contagio emocional automático (una expresión de empatía básica), o se vuelven fríos porque huyen del sufrimiento: no lo toleran ya que han aprendido a desconfiar del afecto de los demás porque no les brindó seguridad o calidez.

- ¿Por qué se contagian las emociones?

  Estamos programados para contagiarnos emociones por diversas razones:

  – Para aprender. Nos copiamos desde que nacemos, como un bebé recién nacido que a las pocas horas de nacer ya puede imitar a sus padres.* Imitar nos ayuda a aprender de los demás.

  – Para sobrevivir. Las emociones de los demás pueden salvarnos la vida. Imagina por ejemplo una bandada de pájaros que picotean en una plazoleta a la que se acerca un gato sigilosamente. El primer pájaro que lo vea saldrá volando, y todos le van a seguir sin pensar, como un solo pájaro, porque la bandada les da protección, multiplica sus posibilidades de detectar peligro y de cobijarse.

Como no queremos estar fuera del grupo, imitamos a los demás de forma consciente e inconsciente: copiamos gestos, risas, toses, acentos, seguimos modas en la forma de vestir o de hablar... Aunque sea una programación antigua diseñada para ayudarnos a sobrevivir, no ha cambiado porque todavía funcionamos con muchos instintos ancestrales. De hecho, los estudios más recien-

* Gracias a un experimento clásico de Andrew Meltzoff y Keith Moore realizado en 1983, sabemos que los bebés de una hora de vida pueden imitar expresiones faciales al cabo de unos veinte segundos. Esto sorprendió a la opinión mayoritaria de entonces, que apuntaba a que los bebés eran criaturas pasivas y socialmente ineptas. En YouTube podemos ver experimentos de estas características a través de la búsqueda «neonate imitation».

tes indican que la presión social es capaz de cambiar y moldear nuestras decisiones porque el cerebro nos alerta cuando no pensamos como los demás, y nos recompensa si nos conformamos a la mayoría. También hay que tener en cuenta que las emociones, sobre todo las emociones más intensas, como el desprecio, la ira o la tristeza, se contagian como un virus, porque esas son las emociones que el cerebro cree que más pueden ayudarnos a sobrevivir.

La globalización implica una mayor capacidad de contagio emocional, un fenómeno natural que se está acelerando y amplificando por lo fácil que resulta hoy en día conectarnos.

- ¿Existen estrategias para protegernos del contagio de las emociones más negativas?
  - «Escucha las emociones pero no bailes siempre con su música.» Filtra el contagio emocional de forma consciente; para desactivar algo inconsciente y programado en el cerebro, tienes que poner un foco de luz sobre la programación, como si abrieras el capó del coche para arreglar algo. Recupera libertad a la hora de sentir y pensar.
  - Exagera los «activadores» del buen humor: come chocolate, haz deporte, baila, sal con los amigos, ve al cine...
  - Elimina o limita lo que te desgasta: la crítica interna, las personas amargadas, las limitaciones que te impones, las luchas de poder, todo lo que supone perder tiempo y energía. Reemplázalos con situaciones y personas positivas.
  - Tu cerebro, naturalmente, pone el foco en lo negativo: tú céntrate en lo que haces bien, es decir, pon el foco en lo positivo, en lo que te hace sentir bien,

en lo que te alimenta, en el trabajo, en tu vida personal. Busca metas claras que tengan sentido para ti y te den alegría. Pasa tiempo con personas positivas, sus emociones también son contagiosas.

No contamines a los demás, piensa antes de enviar un correo desagradable o de decir algo negativo. Tenemos una gran capacidad para hacer daño o para dar alegría a los demás, para contagiarles consciente o inconscientemente nuestras emociones. ¡Reparte contagio positivo!

Ruta 8. Un mundo enorme para tan poca cosa

¿Somos insignificantes?

Los humanos, por naturaleza, somos rabiosamente únicos; pero como hemos visto, nos reconforta escondernos en los latiguillos y lugares comunes de la masa. Por eso ser uno mismo es tan difícil de conseguir. Si nos dijesen: «¡Sé como los demás!», no nos costaría demasiado: es fácil, ya lo hacemos a diario. Pero una cosa es esa zona de confort donde nos refugiamos y otra muy distinta el lugar creativo desde el que ofrecemos algo único al resto del mundo. Esto último entraña riesgos y peligros que nuestro cerebro, programado para sobrevivir, quisiera evitar como sea. El desafío está precisamente en hacer florecer ese conjunto extraño e irrepetible de pequeñas manías, fobias, momentos de gloria y latigazos de inspiración que perfilan, desde el miedo o desde el amor, cada momento de nuestras irrepetibles vidas. Pero como nos empeñamos en ser tan parecidos, al final puede parecer que no nos distinguimos de los demás, que somos insignificantes.

El psicólogo de la Universidad de Tel Aviv, Carlo Strenger, dice que hay una epidemia moderna que se llama el «miedo a la insignificancia», a no ser nada a los ojos de los demás, a creer que nuestra vida no merece la pena.

- ¿Cómo decidimos si nuestra vida merece la pena o no?

La respuesta a esta pregunta es muy interesante, porque depende de cómo te valoras y tiene que ver con la famosa autoestima, que te susurra: «¿Soy importante? ¿Merezco cosas buenas en mi vida? ¿O no merezco nada? ¿Soy insignificante y no tengo valor para nadie?». Y esta valoración que haces de ti mismo depende mucho de cómo te comparas con los demás. Cuando dices: «Soy rico, soy guapo, soy feo», ¡es siempre comparado con alguien! Eres más guapo o más feo que alguien. Los humanos vivimos siempre comparándonos. De hecho, los estudios muestran muy claramente que no nos importa tanto el sueldo que ganamos como que ese sueldo no sea más bajo que el de nuestros amigos.

- ¿Con quién se suelen comparar los humanos?

Si te compararas sólo con tu familia y tus amigos sería más fácil sentirte bien contigo mismo, porque te pareces más o menos a ellos. Pero aquí está el problema... Antes el mundo de las personas era más reducido, sin embargo ahora tenemos acceso a mucha más gente con la que compararnos. Y si te fijas, verás que muchas de estas personas son productos de marketing, prefabricados, irreales, pero que todos tienen algo en común: son famosos debido a los medios de comunicación. Hoy en día la propia fama se ha convertido en la referencia básica a la hora de medir la valía personal, así que nos comparamos con la imagen que nos llega de los famosos, aunque sean de medio pelo o poco admirables.

- ¿Qué me pasa cuando me comparo con personas famosas?

Lo que vemos es que se están incrementando los niveles de ansiedad y de depresión en todas partes. Es lo que llaman la «ansiedad global». La gente se pregunta: «¿Soy guapa como Angelina Jolie? ¿Soy rico como Bill Gates? ¿Soy famoso como los personajes de Torrente?». Y si la respuesta, casi inevitablemente, es no, entonces te preguntas si tu vida merece la pena, si no será que eres insignificante... Además, muchos de estos famosos lo son por la obsesión social con la belleza física y con la juventud, y por ello parece que lo que no has logrado antes de los cuarenta años no tiene valor, o que ya no podrás lograrlo. Esto desvaloriza determinados trabajos o personas que necesitan tiempo de maduración. ¡Y es tan falso! Pero se da por sentado en los medios de comunicación, y como éstos se imitan y son imitados contagian determinadas ideas con mucha facilidad.

- ¿Cómo sé si mi vida es valiosa, aunque no sea como la de la gente famosa que me rodea por todas partes?

Puedes decidir que tú vas a ser tu principal referente, que vas a aceptarte como eres porque estás a gusto con la vida que has elegido. Strenger nos recuerda que para eso necesitas tener una visión de conjunto de tu vida: saber lo que te importa, al margen de los demás. Pero eso cuesta trabajo, y no nos educan para vivir así, para saber qué nos importa y ponerlo en práctica, sino que nos educan para imitar y para obedecer.

- ¿Qué puedo hacer para saber si estoy viviendo desde mis propios intereses y convicciones?

Si alguien ahora mismo se está sintiendo insignificante, quiero recordarle que algo que nos caracteriza a los humanos es que no somos clones, sino que somos únicos y que tenemos algo único que dar a los demás. Voy a daros un truco sencillo, pero muy eficaz, para ayudaros a descubrir si vivís de acuerdo a lo que es valioso para vosotros. Imagina que te casas y estás contemplando la ceremonia desde un lugar alejado,* por ejemplo desde la copa de un árbol, o desde una nube, y tus amigos van a hacer un brindis por ti, por tu nueva vida de casado. Ahora piensa por un momento en qué te gustaría que los demás dijesen de ti. Piensa tres o cuatro cosas por las que realmente te gustaría ser reconocido, que darían valor a tu vida, y si los demás van a poder decirlas, por supuesto. Al fin y al cabo, si queremos saber quienes somos de verdad, es importante fijarnos en el resultado de nuestras acciones y en cómo nos perciben aquellos que nos rodean. La mirada de los demás tiene claves interesantes para que podamos llegar a compren-

* En *El Hormiguero* planteamos un día el tema del sentimiento de insignificancia, y yo utilicé un ejemplo muy clásico en psicoterapia: imaginábamos que asistíamos a nuestro propio entierro y, desde un lugar remoto, escuchábamos a los demás hablar acerca de nosotros. ¿Qué dirían aquellos que nos acompañan sobre lo que somos? ¿Qué recordarían, qué apreciarían? Pablo Motos se metió en un ataúd y desfilaron los colaboradores del programa haciendo comentarios jocosos sobre la vida del supuesto difunto. Yo me subí a una nube de cartón con unas alas carnavalescas. Al día siguiente, ya sabía que no habíamos acertado en nuestra puesta en escena, porque de entrada un supuesto entierro es demasiado morboso para un plató televisivo y la anécdota ahogó el mensaje que intentábamos transmitir: que cada persona es única y especial, y tiene por tanto algo único y especial que dar a los demás. Como soy consciente de que erramos con el ejercicio propuesto, he decidido contároslo aquí transformándolo en una boda, que también es un acto simbólico donde nuestros amigos pueden expresar lo que ven y sienten acerca de nosotros.

dernos. No siempre tienen razón ni siempre son objetivos, pero merece la pena saber escucharles.

Para no andar por la vida arrastrado por las circunstancias como una botella de plástico empujada por la corriente de un río, habría que centrar la mirada en lo que de verdad nos importa, en lo que nos hace especiales, en lo que podemos dar a los demás. Cuando estás centrado en tu propia búsqueda, en ser tú mismo sin despreciarte por culpa de comparaciones inoportunas, superas una parte debilitante del miedo al rechazo de los demás y al fracaso, y ganas tiempo, energía y fuerza para poner al servicio de lo que de verdad te importa.

Cómo superar el miedo al fracaso

¿Recuerdas lo que sentías cuando nadie te elegía para estar en los equipos de la clase de gimnasia? ¿O la cara de decepción que ponían tus padres cuando suspendías un examen? Tal vez incluso te castigaban. ¿Recuerdas en cambio la alegría de pasar tu examen de conducir? Desde pequeños aprendemos que triunfar es divertido y que fracasar es doloroso. Poco a poco aprendemos a temer el fracaso en ámbitos tan variados como la vida de pareja, ser padres, perder el trabajo o no conseguir un ascenso laboral.

Aunque nuestra cultura admira la innovación, es dura con el fracaso, así que los innovadores, especialmente en el mundo corporativo, tienen que aprender a serlo aun a riesgo de ser impopulares.

- ¿Qué efecto puede tener en mi vida el miedo al fracaso?

  Arriesgarse implica la posibilidad de fracasar. Si tienes

mucho miedo a fracasar tal vez evites, sin siquiera darte cuenta de ello, cualquier reto que no estés seguro de conseguir. Esto puede limitar tremendamente tus posibilidades de descubrir nuevos retos y de generar oportunidades.

- ¿Cómo puedo saber si gestiono correctamente mi miedo al fracaso?

  Para protegernos del miedo al fracaso las personas solemos refugiarnos, a menudo sin saberlo, en estrategias concretas. Por ejemplo, quienes evitan el fracaso a toda costa pueden hacerlo provocando circunstancias que les darán una excusa supuestamente honorable para fracasar, por ejemplo tener un hijo que te «impide» terminar tu diploma universitario o presentarte a unas oposiciones.

- ¿Basta con empeñarme en no tener miedo al fracaso?

  No. Hay distintas formas de encarar el miedo al fracaso, y no todas son inteligentes. Por ejemplo, las personas con mucho miedo al fracaso combinado con una necesidad alta de reconocimiento social pueden desarrollar un perfil de trabajadores compulsivos; en cambio, si una persona tiene poco miedo al fracaso y mucho deseo de éxito, puede fracasar repetidamente debido a su falta de realismo.

- ¿Cómo es una vida en la que no se arriesga a fracasar?

  Una vida sin riesgos puede ser una vida segura pero sin sorpresas, por lo que puede resultar aburrida y frustrante. Imagínate cómo sería tu vida haciendo exactamente lo mismo dentro de veinte años. ¿Te imaginas así? ¿Es lo que quieres? Recuerda que si no haces esfuerzos y te arriesgas probablemente tu vida no será lo que esperabas.

- ¿Cómo puedo superar el miedo al fracaso?
  - *Aprende una lección valiosa de cada fracaso.* No te cierres al fracaso, aprende de él. Las investigaciones muestran que las personas que aprenden una lección de cada fracaso superan su experiencia más deprisa y pueden aplicarla inteligentemente a su próximo intento.
  - *No te tomes cada fracaso como algo personal.* Recuerda que las personas que han logrado algo también han fracasado muchas veces.
  - *Sé consciente de lo que te cuestan las oportunidades perdidas.* A veces sólo consideramos lo que podríamos perder, no lo que podríamos ganar. Éste suele ser el mayor riesgo que corre la gente que no se atreve a arriesgarse. Los riesgos ofrecen recompensas altas.
  - *Visualiza tu fracaso y tu éxito.* Imagina que fracasas en un cometido que te preocupa e imagina las consecuencias de este fracaso. Probablemente no te parezcan tan terribles como temes ahora. Recuerda que los estudios muestran que tendemos a subestimar nuestra capacidad de sobreponernos a las adversidades. Ahora, visualiza que tienes éxito en tu cometido.
  - *Equilibra los riesgos con la seguridad.* El cofundador de Netscape, Marc Andreessen, compara una carrera profesional bien llevada con un portafolio diversificado: deberíamos tener muchas opciones, algunas seguras y otras más arriesgadas, para lograr una plataforma más o menos estable con muchas posibilidades de crecimiento.
  - *Ten un plan alternativo.* Si fracasas con tu primera opción, asegúrate una salida que te permita gestionar el fracaso con inteligencia. Arriesgar-

se no significa quedarse sin una red de seguridad.

- *Conoce a tu enemigo.* Lo que más miedo nos da es la incertidumbre. Analizar tus posibilidades y conocer bien las ventajas y peligros de los riesgos que asumes te ayudará a tomar decisiones racionales.
- *Elige entre un riesgo moderado o un riesgo elevado.* Para tomar riesgos, el primer paso es el más difícil. Puedes empezar con metas cortas y sencillas hasta que cobres seguridad en lo que haces. Una alternativa más drástica es quemar las naves, como hacían los antiguos griegos cuando tocaban tierra después de atravesar el mar para ir a luchar. Para ello, apúntate al examen de ese diploma que quieres conseguir, o renuncia a tu contrato de alquiler si quieres cambiar de ciudad. Si sólo tienes dos opciones, el fracaso o el éxito, no tendrás más remedio que arriesgarte. El miedo al fracaso desaparece cuando éste no puede salvarte.

La vida, a pesar de nuestros intentos por conseguir nuestras metas, suele estar plagada de pequeñas y grandes contradicciones, de emociones mezcladas, de cansancio físico y mental, de diversas decepciones, deslealtades, sustos, alegrías, frustraciones... No basta sólo con sobrellevar las contrariedades y los disgustos, sino que necesitamos herramientas que nos ayuden a cerrar las heridas, a hacer elecciones inteligentes y a retomar fuerzas para seguir el camino. Vamos a analizar algunas, y a descubrir en el camino otro de los mecanismos misteriosos de la influencia recíproca entre cuerpo y mente, un principio básico que sin duda os sorprenderá: algo tan sencillo como poner cara de felicidad, aunque no tengas ganas de ello, puede ayudarte a cambiar tu estado de ánimo. Descúbrelo aquí.

Sonríe aunque no tengas ganas

Se dice popularmente que la cara es el reflejo del alma. Es decir, que lo que sentimos por dentro se refleja por fuera, en nuestras miradas y en nuestros gestos. Por ello cuando estamos alegres se nos pone «cara de felicidad» y decimos de las personas felices que tienen «buena cara» o que «irradian» felicidad. Y es que reconocemos intuitivamente que las emociones se plasman en la cara y en el cuerpo.

Pero aún nos queda mucho más por descubrir en este sentido, aunque de entrada los científicos han averiguado que no sólo las emociones se plasman en el cuerpo, sino que al revés también funciona: que si no estás feliz pero pones cara de felicidad, como por ejemplo cuando sonríes mecánicamente y sin ganas, te sientes un poco más feliz. ¿Sorprendido? ¿Incrédulo? Son conclusiones de estudios clásicos y prestigiosos como los de Paul Ekman, y aunque nos sorprendan podemos sacarles mucho partido en nuestra vida diaria, porque una de sus implicaciones más potentes y prácticas es la importancia real de poner al mal tiempo buena cara.

- ¿Quieres decir que hay una relación estrecha entre el cuerpo y la mente?

Sí, y es una relación que empezamos a comprender ahora, después de siglos en los que creíamos que el cuerpo iba por un lado y la mente por otro. Empezamos a saber a ciencia cierta que no hay nada más lejos de la realidad, y estos conocimientos van a alterar, sin duda radicalmente, la forma de cuidarnos en cuerpo y mente. La relación más evidente entre tus emociones y tu cuerpo es algo que puedes comprobar de inmediato: piensa en cuando te sientes feliz. El corazón te late más despacio porque tienes menos miedo, y sonríes, que es la señal de estar más abierto y vulnerable a los demás. En cambio, si tienes miedo tu corazón se acelera y aprietas los dientes porque estás tenso y a la defensiva. En otras palabras: tu cara es como un termostato y según la cambias se altera tu «temperatura» emocional.

- Si llevo mis emociones escritas en el cuerpo y la cara ¿significa eso que todos pueden percibirlas?

Desde luego. Si miro a alguien frunciendo el ceño, eso significa desagrado. Si abro los ojos muy grandes, estoy comunicando sorpresa. Y si arrugo la nariz, afirmo que tengo asco. Es un lenguaje universal que, pese a que estudios recientes indican que existen diferencias sutiles en la gestualidad de occidentales y orientales, se reconoce en todos los rincones del mundo: el lenguaje no verbal.

- ¿Hay algún truco para mostrar alguna emoción que me haga caer mejor a la gente?

Puedes probar este gesto: cuando te encuentres con alguien a quien quieras comunicar agrado, pon un gesto de sorpresa al verlo, esto es, abre mucho los ojos y préstale atención. El otro se relajará porque se sentirá especial y bien recibido. Con este gesto de apertura lo que haces es poner «cara de bienvenida». Lo que más me gusta de este gesto es que sólo con hacerlo tú también te relajas y te sientes más abierto. Ahora hablaremos de ello, pero es debido al poder del gesto sobre la emoción que mencionamos al inicio.

Hay otro gesto que funciona bien para serenarte cuando estés tenso, y que de hecho hacemos a menudo sin darle importancia. Imagina que has batallado por algún tema y que finalmente tienes que tirar la toalla. Probablemente hayas arrastrado tensión, y eso se acumula en tu cuerpo y en tu cara. Vamos a relajar la tensión física y verás como con ello alivias también la tensión emocional. Encoje y levanta los hombros, respira hondo y di en voz alta: «Qué le vamos a hacer». Les estás dando conscientemente a cuerpo y mente la señal de cambiar de tercio, y para ello ambos deben ponerse de acuerdo.

- ¿También importan las expresiones faciales cuando hago ejercicio?

También importan, por la relación estrecha entre lo que nos pasa por dentro y por fuera de la que estamos hablando. Así que intenta no poner cara tensa cuando haces esfuerzos: si relajas la cara cuando haces un gran esfuerzo tu cuerpo sufrirá menos. Se ha comprobado también con personas deprimidas: si ponen caras más positivas, se sienten mejor. Sólo con poner cara de algo ya puedes sentir un poco de esa emoción, la que sea. Y si te pones frente a un espejo, el efecto es aún más potente. Funciona con cualquier emoción. Intentad poner, por ejemplo, cara de tristeza, o de ira, o de desprecio, y notad cómo con cada expresión hay un cambio fisiológico correspondiente, por ejemplo el pulso se acelera cuando pones cara de enfado, aunque no estés enfadado. Es algo muy difícil de resistir, un lenguaje interno del cuerpo que podemos aprender a utilizar para favorecer las emociones que necesitamos para sentirnos bien.

- Vamos a terminar con un gesto positivo.

Un lápiz lo tiene cualquiera en casa o en la oficina, y un mal momento también. Así que cuando los ánimos estén bajos vamos a darles un empujón con este sencillo truco. Meted el lápiz en la boca en horizontal, como si estuvieseis sonriendo. Intentad mantener el lápiz unos quince segundos al menos para que al cerebro le dé tiempo a generar dopamina y la química del bienestar que nos hace sentir mejor, para que a los músculos les llegue la orden de estar menos tensos y la respiración se calme. Veréis cómo con un simple gesto podemos empezar a cambiar de humor.

Cuanto más desafías tu tendencia a la negatividad, reforzando tu visión positiva y buscando alivio o generando placer deliberadamente, mejor te sientes y haces sentir a los demás. No hay nada más contagioso que una persona que es tozudamente positiva. No hace falta nada extraordinario, basta con reír y con disfrutar.

Buenas razones para reírse

¿De qué sirve la risa? Es difícil imaginar un mundo sin risas, pero si todo lo que hacemos le sirve para algo a la naturaleza —el sexo para asegurar que engendramos niños, el miedo para protegernos de los peligros—, ¿para qué sirve la risa? La risa te hace sentir bien, es una recompensa que nos da la naturaleza. Cuando te ríes, generas neurotransmisores y hormonas como la dopamina o las endorfinas, se excita todo el cuerpo y se relajan los músculos. Piensa que cada sentimiento o pensamiento que tienes afecta a todo tu cuerpo, porque éste funciona como un todo. Así que cuando sonríes, el cuerpo entiende que no estás en peligro y hasta puedes sentir menos dolor físico.

Además, la risa fomenta la colaboración y la cohesión social porque une a las personas, las entretiene y por tanto las incita a colaborar. La risa también potencia tu creatividad. Una de las razones por las cuales reímos es cuando el cerebro reconoce un patrón atípico: algo tiene el tamaño equivocado o está en el lugar equivocado, y esta capacidad de reconocer lo inhabitual tiene una recompensa, que es la risa. Es un rasgo creativo de la mente humana, porque en el humor jugamos con ideas o conceptos de manera creativa. El humor es irreverente con los procesos lineales, lógicos, tradicionales y habituales, y por tanto fomenta el pensamiento flexible y la creatividad.

La capacidad de reír es innata, involuntaria e instintiva. Incluso los bebés sordos o ciegos se ríen.

- ¿Hay distintos tipos de risa? ¿Cómo puedo reconocerlos?

Generalmente, la risa se da en un contexto social y se divide en cuatro tipos: la risa alegre que emites, por ejemplo, cuando vuelves a ver a un buen amigo que hace tiempo que no habías visto; la risa burlona, cuando te ríes de alguien después de vencerle en algo, que sirve para mostrar desprecio y humillar al otro; la risa muy contagiosa que te sobrecoge cuando te ríes de algo o alguien que acaba de hacer el ridículo, como resbalar y tener una caída divertida e inesperada; y la risa que te da cuando te hacen físicamente cosquillas. La gente reconoce intuitivamente qué clase de intención tiene cada tipo de risa.

- ¿Reír nos ayuda a relacionarnos con los demás?

Si utilizas el sentido del humor amable o inteligente para integrar a los demás, mejorarás tus relaciones sociales. Pero el humor agresivo —el sarcasmo— no ayuda a tener amigos, ni tampoco que te burles exageradamente de ti mismo para hacer reír a los demás.

Veamos diversas maneras de mejorar el sentido del

humor y de reír más. Te expongo varias posibilidades para que elijas las que prefieras, las adaptes a tus necesidades y puedas ir variándolas. Hay trucos de andar por casa para entrenarse a reír más, y hay dos en especial que son muy eficaces: si algo te pone triste, exagéralo, cuéntalo como si fuese una catástrofe, porque esa mirada humorística te ayudará a ponerlo en perspectiva. Y ten un lugar en tu casa y en tu trabajo para poner cosas divertidas, un «rincón de la risa» donde apuntes, por ejemplo, una frase divertida; yo la que tengo estos días en la nevera de casa es: «Nunca hagas lucha libre con un cerdo. Los dos os vais a ensuciar y al cerdo le gustará». También puedes romper una racha de mal humor con algo divertido,* como hablar todo un día con acento sueco... a menos que seas sueco, claro.

- ¿En qué se distingue la risa humana de la de los demás animales?

Cuando nos reímos activamos partes antiguas del cerebro como la amígdala, que compartimos con otros animales. Sin embargo también activamos áreas más re-

* Otras ideas para fomentar el sentido del humor: haz una sesión de risoterapia de grupo de quince minutos. ¿Cómo? Estírate en el suelo. Otra persona, y para ello es ideal contar con niños, familiares o personas amigas, se estira en el suelo a tu lado, pone su cabeza en tu tripa y dice «HA». La siguiente persona hace lo mismo y dice «HA HA». Y así cuantas más personas mejor. Te reirás sin duda alguna. Colecciona momentos divertidos: todos los días durante una semana proponte hacer algo divertido o encontrar algo gracioso en lo que te rodea, y no te vayas a dormir sin hacerlo. Intercambia cotilleo por diversión: cuando te encuentres con tus colegas o amigos pídeles que te cuenten también algo divertido, así cambiarás el cotilleo por la diversión y propagarás buen humor. También puedes acordar con un amigo un intercambio diario de humor durante unos días.

cientes, como la corteza frontal, que están particularmente desarrolladas en los humanos y que rigen el uso de la palabra. Por ello algo que caracteriza nuestro sentido del humor humano son los juegos del lenguaje, porque somos capaces de comunicar ideas complejas mediante éste. Nuestro sentido del humor nos permite pues jugar con estas capacidades cognitivas y lingüísticas, manipulándolas de todas las maneras imaginables por pura diversión.

- ¿Somos los únicos seres vivos capaces de reírnos?

¡Desde luego que no! Pero aquí entramos en un terreno resbaladizo, aunque sospecho que dentro de unos años alucinaremos con lo que estamos descubriendo acerca de estos temas. En general, a los humanos no nos interesa reconocer la capacidad de sentir emociones de los demás animales porque los utilizamos de muchas maneras. Por ejemplo, recurrimos a ratas en los laboratorios para hacer pruebas a menudo crueles, y por ello nos resulta incómodo pensar que son capaces de sufrir y de reír. Pero la capacidad de reír, de disfrutar durante actividades divertidas como el cosquilleo y los juegos de persecución, la tienen muchos animales, eso es innegable. Algunos animales incluso tienen un sentido del humor que parece algo más humano porque implica el uso del lenguaje: chimpancés y gorilas entrenados en el lenguaje de signos son capaces de usar juegos de palabras o insultos divertidos.

- Decimos que a los científicos nos les interesa que humanicemos a las ratas porque las necesitan en los laboratorios, pero ¿las ratas se ríen?

Sí, las ratas, sobre todo las más jóvenes, se ríen. Jaak Panksepp, un psicólogo de la Universidad del estado de Washington, que estudió durante diez años si las ratas de su laboratorio eran capaces de reír. Está convencido de que sí.* Lo que ocurre es que las risas de las ratas no suenan como las de los humanos. Ellas ríen con una frecuencia ultrasónica (~50 kHz) distinta a la que utilizan para comunicarse, y que nosotros sólo podemos escuchar con un aparato especial.

• ¿Cómo se reconoce a una rata risueña?

Las ratas que más ríen son también las más juguetonas. Si eres capaz de hacer reír a una rata, querrá jugar contigo: las ratas buscan las manos humanas que las hacen reír, a menos, como los humanos, que tengan miedo o hambre y que por tanto se les quiten las ganas. Las ratas hembra son más receptivas a las cosquillas que los roedores machos, pero en general a una rata adulta le resulta difícil reír a menos que lo haya hecho de pequeña. Curiosamente, cuando le das a un ratoncito la posibilidad de elegir si quiere estar con una rata que ríe mucho o con una rata muy seria, tiende a preferir a las ratas risueñas.

También ayuda, para que se ría, que sea una rata joven. A las ratas les pasa como a nosotros: a medida que envejecen, tienden a reír menos. Los humanos, cuando son niños, ríen unas trescientas veces al día; de adultos, sólo reímos unas diecisiete veces.

Así pues, tendríamos que ir olvidando esa idea de que las ratas ni sienten ni padecen. Las ratas no tienen un sentido del humor humano, ni falta que les hace, pero también son capaces de reírse, de divertirse y de disfrutar. Hace poco se ha comprobado que las ratas se estresan si ven a otra rata que sufre, o lo que es lo mismo: son capaces de sentir por otra rata, de tener empa-

* Buscando «Jaak Panksepp tickles a rat» en YouTube puede verse un ejemplo.

tía. Si la rata estuviese viendo a un humano estresado puede que no le afectase tanto; tal vez es lo que nos pasa a nosotros con las demás especies. Puede que nuestra indiferencia al sufrimiento de los demás animales sea un problema de empatía entre especies. Habrá que hacer el esfuerzo de ampliar los círculos de empatía para comprendernos más allá de nuestras diferencias, es algo imprescindible para lograr un mundo más justo.

¿De qué sirve llorar?

¿Y si tengo ganas de llorar? Lloramos por todo tipo de cosas. Por pelar cebollas, por pérdidas, por decepciones, porque deseamos algo que no llega, por dolor físico, por miedo... y por alegría también. ¿Por qué lloramos? Sabemos que como especie somos muy buenos mintiendo y manipulando, y tal vez las lágrimas sean un indicador fiable que la naturaleza pone a nuestro alcance de que estamos ante emociones sinceras, ya que cuesta mucho simular determinadas emociones.

Un estudio del Instituto Weizmann de Ciencias, en Israel, revela que las lágrimas de tristeza envían señales químicas a nuestros semejantes. La investigación, liderada por el neurobiólogo Shani Gelstein, apunta que las lágrimas de las mujeres contienen sustancias químicas que afectan al comportamiento de los varones: los hombres expuestos a lágrimas femeninas experimentaron una reducción de sus niveles de testosterona y de su deseo sexual. Aunque ya se sabía que las lágrimas de los ratones emiten señales químicas, ésta es la primera vez que se comprueba que tienen ese efecto en los humanos.

- ¿Es siempre positivo llorar?

No, llorar no siempre ayuda, depende de las circunstancias. No hay demasiada evidencia científica al respecto, aunque se calcula que dos de cada tres terapeutas recomiendan llorar como herramienta positiva. En un estudio realizado sobre tres mil personas, se preguntó a la gente cómo se sentía después de llorar. Los que se sentían mejor eran los que recibían apoyo de otras personas, los que eran consolados, mientras que los que no recibían consuelo se sentían avergonzados. Y si sientes vergüenza, ésta anula los beneficios de llorar.

- ¿Por qué resulta tan difícil escuchar llorar a un bebé?

Cuando un bebé llora es cierto que resulta muy difícil de escuchar. ¿Te has fijado en que a veces parece que se ahogan? Ello ocurre para que los padres reaccionen más deprisa. Por supuesto no es nada consciente, se trata de un mecanismo que tienen los bebés y niños pequeños para llorar con mucha más intensidad y ayudar así a su supervivencia. Piensa también cómo puede llorar un adulto angustiado: los sollozos casi silenciosos, los ojos llenos de lágrimas enormes, los movimientos de los hombros y la dificultad para respirar, parecidos a lo de los bebés, invitan a que nos «socorran». Aunque cuando somos adultos y la tristeza o el mal humor nos invaden, hay formas eficaces de gestionarlos por nosotros mismos.

Borra tu mal humor en noventa segundos

- ¿Por qué me fijo más en las cosas malas que en las cosas buenas?

Nos fijamos más en un insulto en el Facebook que en diez personas que nos saludan amablemente. Antes de dormir recordamos sobre todo la crítica del jefe, la salida de tono del hijo adolescente. Llevamos las críticas clavadas en la mente sin lograr centrar la atención en todo lo bueno que nos ha acompañado durante el día. Y eso tiene un impacto directo en el cuerpo, que se tensa para repeler la supuesta agresión.

- ¿Pueden los demás percibir mi negatividad?

Claro que pueden. Enviamos señales de todo tipo a los demás. Muchas son invisibles para los ojos o tan sutiles que los demás las interpretan sin saber por qué, y reaccionan poniéndose a la defensiva. Esto crea pequeños círculos viciosos en los que millones de seres se cruzan sin lograr pedir y emitir señales positivas de afecto y genera mucha frustración e incomprensión entre las personas.

- Con todo lo malo que pasa en el mundo, ¿es justo que yo me sienta bien?

Hay quien piensa que es un «pecado» estar de buen humor con la que está cayendo. Cuesta estar de buen humor cuando comes pensando que otros mueren de hambre, abrazas a tus hijos sanos o conduces un coche que contamina el mundo. Pero una cosa es ser consciente del sufrimiento que hay y otra es agrandarlo con más sufrimiento. El dolor y la alegría son emociones muy contagiosas, así que ayudarás más a tu entorno si transmites alegría y propones soluciones.

- ¿Por qué es más fácil sentir miedo y pena que alegría y confianza?

Es por la tendencia natural del cerebro a la negatividad: quiere sobrevivir, y por tanto ve y agranda la tristeza y minimiza la alegría, como cuando paseas por un bosque y no ves las flores sino que piensas dónde puede andar escondida una serpiente cascabel. Para sobrevivir necesitas pensar en la serpiente. En todos los ámbitos de la vida tenemos una tendencia conocida y medida hacia la negatividad. Pero eso no te hace feliz. Para ser feliz necesitas fijarte mucho más en lo positivo que en lo negativo.

- ¿Cómo puedo no encerrarme en mí mismo cuando las cosas me parecen negativas?
  - *Aplica la «perspectiva positiva».* Una estrategia poderosa es concentrarte tozudamente en lo bueno. Se llama buscar la «perspectiva positiva». Por ejemplo, si tienes una crisis de pareja deja de reprochar y céntrate durante un tiempo en las virtudes del otro, en lo que te atrajo cuando le conociste. Si quieres abandonar un mal hábito, haz un listado de las veces que lo consigues. Cuando te centras en tus éxitos, eres más capaz de repetir un comportamiento beneficioso.
  - *Aplica la «regla de los noventa segundos».* Si estás triste o de mal humor, utiliza la regla de los noventa segundos: fisiológicamente, cuando nos invade una emoción negativa, el cuerpo tarda en torno a unos noventa segundos en procesar las hormonas del estrés y recuperar su estado normal. Pero si al cabo de ese tiempo tú sigues pensando en lo que te enfada o entristece, repites el proceso fisiológico y te quedas atrapado en un círculo sin fin. Así que cuando seas presa de un sentimiento negativo, déjate invadir durante ese espacio corto de tiempo y no pienses, sólo siente la emoción negativa. Pero en cuanto sientas que la emoción disminuye, vuelve a centrarte en las cosas

positivas; por ejemplo, echa un vistazo al listado del punto anterior.

– *Busca alivio o alegría.* ¿Cuál de los dos debes fomentar? Es cuestión de grados. En general, frente a los problemas del mundo, si estás cansado y triste busca alivio. Y si estás fuerte y sereno busca alegría. Hazlo ahora: si tienes un mal día, busca alivio. Por ejemplo un amigo, una siesta, un tiempo de calidad para ti. No tienes por qué sentirte bien, sino sólo un poco mejor. Pero si ya te sientes bien, refuerza ese sentimiento: come una fruta que te apetezca, habla con tu sobrina preferida, escucha una canción que te guste... Disfruta.

Y si todo falla, recurre al sueño. Pasamos un tercio de nuestras vidas durmiendo y no es un tiempo perdido, sino imprescindible. La dificultad para conciliar el sueño suele ser uno de los primeros síntomas que se manifiestan cuando perdemos el equilibrio emocional y físico, y por ello también es uno de los caminos más sencillos y naturales al que recurrir para enderezar el rumbo y retomar fuerzas.

El ritual del sueño: trucos para dormir bien

¿Qué es el sueño? Sabemos que cada noche nos quedamos inconscientes un rato, pero ¿para qué?

Hay dos tipos de sueño que se alternan durante la noche. Uno de ellos es el sueño REM,* un sueño ligero que se llama así porque el cerebro está muy activo y movemos los ojos muy deprisa debajo de los párpados.

* Siglas de *Rapid Eyes Movement*, los movimientos rápidos del ojo que se producen durante esa fase del sueño.

Es entonces cuando soñamos, cuando tenemos pesadillas. Y curiosamente hay una cierta parálisis muscular durante esta fase del sueño, que podría ser para evitar que hagamos gestos que nos hagan daño cuando soñamos. El otro es el sueño no-REM. Aquí el cerebro está más tranquilo, los músculos se relajan, segregamos más hormonas y ondas cerebrales cada vez más lentas, el corazón late más despacio. Es el momento en que el cuerpo se repara a sí mismo después del cansancio del día. Es un sueño profundo, puede haber ronquidos, sonambulismo, hablar en sueños y confusión si te despiertan.

Mucha gente no puede dormir bien y eso le amarga la vida.

- ¿Existen técnicas eficaces para lograr conciliar el sueño?

Aunque no conocemos exactamente todos los secretos del sueño, sí sabemos que dormir es fundamental. El sueño es muy importante para contribuir a la plasticidad cerebral y para consolidar el aprendizaje, y por tanto a superar episodios personales difíciles o estados de estrés y angustia. Sin embargo, debido a que los componentes del cerebro que nos permiten sentir, percibir y razonar están bajo acoso en los periodos de crisis, el sueño empieza a degradarse y es habitual que las personas crónicamente ansiosas duerman mal. El apoyo de terapias adecuadas puede resultar necesario para recuperar las funciones mentales y fisiológicas después de determinados episodios, y una higiene mental y física ayuda a recuperar ritmos de descanso beneficiosos.

- Para dormir bien hay que cuidar el cuerpo y la mente. ¿Cómo lo hago?

Vamos a entrenar al cerebro a dormir bien y para

ello os propongo un ritual del sueño, que practicaremos antes de ir a la cama durante tres semanas, porque ése es el tiempo que necesitamos para reprogramar el cuerpo y la mente para lograr un buen sueño. Lo primero que vamos a hacer es...

PASO 1: Fijar un horario para dormir.

Elijo una hora para irme a dormir y otra hora para levantarme y me atengo a este horario durante las tres semanas que dura mi reprogramación. A medida que vayas entrenando el cuerpo a tener sueño a la misma hora cada noche, notarás una llamada de éste para ir a dormir. Si la escuchas y te vas a dormir cuando te lo pide el cuerpo, sabemos por distintos estudios que te dormirás con más facilidad.

PASO 2: Hacer ejercicio con ganas.

Esto es polémico: nos suelen decir que el ejercicio es malo antes de dormir porque genera adrenalina y noradrenalina, que hacen que tu corazón lata más deprisa, suba la temperatura corporal y el cuerpo tarde unas horas en apaciguarse. Sin embargo, se ha demostrado que esto no es así en el caso del ejercicio aeróbico, como caminar, correr, nadar o bailar. Lo vemos por ejemplo en un estudio del doctor Youngsted, de la Universidad de Carolina del Sur, que muestra que las personas que hacen ejercicio a cualquier hora del día duermen un poco mejor, y que las que tienen problemas de sueño notan incluso una mejoría mayor. Nadie sabe exactamente por qué, aunque puede que sea porque el ejercicio reduce la ansiedad al liberar tensión física y mental. Pruébalo y, si te funciona, incorpóralo a tu ritual del sueño. Pero cuidado: puede ser distinto en el caso de un deporte competitivo, porque éste excita la mente; por si acaso, éste es mejor evitarlo antes de dormir. Incluso en el caso del ejercicio aeróbico, si a alguien le cuesta más calmarse, que adelante la hora de hacer ejercicio hasta sentirse cómodo. Hay que aprender a escucharse.

Por tanto, aunque lo conservador es hacer ejercicio por la mañana o por la tarde, como muchos no podemos a esas horas, recordad que los beneficios del ejercicio aeróbico se pueden notar a cualquier hora. Yo recomiendo bailar cualquier baile que te guste: te relajará y te pondrá de buen humor.

PASO 3: Me relajo en un baño o ducha caliente durante quince o veinte minutos.

Una de las claves aquí es que la temperatura corporal baja rápidamente después del baño, y esta bajada de temperatura será un mensaje para el cuerpo de que es hora de descansar. Y además es muy agradable dedicarse ese tiempo. Empezamos en el baño a relajarnos conscientemente después del ajetreo del ejercicio aeróbico. Así que hasta ahora, resumiendo, fijamos un horario para ir a la cama, hacemos media hora de ejercicio aeróbico y nos metemos en un baño caliente.

PASO 4: «De esto me ocuparé mañana».

Ahora estamos yendo más allá en el proceso de relajación física y vamos a descargar la mente de lo que nos preocupa, dejarla en blanco. ¿Y cómo suelto las preocupaciones? Llega a un acuerdo con tu cerebro; si algo te preocupa, escríbelo antes de ir a dormir y di en voz alta: «De esto me ocuparé mañana». Podrás filtrar los pensamientos obsesivos de la jornada si le prometes al cerebro que te enfrentarás a los problemas pendientes al día siguiente.

PASO 5: La cama es sólo para dormir.

Me refiero a no hacer actividades como ver la tele, hablar por teléfono, mandar mensajes a los amigos o utilizar el portátil, ocupaciones que te pueden excitar mentalmente. La cama es para dormir, así que entrena tu cerebro a asociar la cama sólo con el sueño (aquí el sexo es la única excepción).

Otra sugerencia a contracorriente: aconsejan levantarse de la cama si no puedes dormir, pero es mejor aprender a disfrutar de no hacer nada, escuchar los ruidos de la noche, perder la angustia de no poder dormir. Relajarse no es tan beneficioso como dormir, pero ayuda mucho. Puedes visualizar un lugar tranquilo y agradable. Imagina que estás allí, sintiendo lo relajado que estás. Y si te despiertas porque tienes una pesadilla o pensamientos negativos, escríbelos con un final distinto, más positivo. Entrena a tu cerebro a no angustiarse ante el silencio y la inactividad.

PASO 6: Duermo con oscuridad y me despierto con luz.

Cada día, ayuda a que el cuerpo recupere su ciclo natural para despertar y para dormir: es lo que se llama el «ritmo circadiano». Para ello, por las mañanas haz un ejercicio de estimulación retinal: llena tus ojos de luz durante quince minutos (no mires el sol de frente, claro). Báñate en la luz del día. De la misma manera, por la noche tienes que apagar las luces, porque la luz afecta el ritmo circadiano, estimula tu cuerpo y le dice que hay que despertar. Dale a tu cuerpo oscuridad para que duerma.

Pasamos un tercio de nuestras vidas durmiendo. Dormir parece un proceso natural pero, como todo, tiene sus claves, sus trucos, gestos que podemos hacer para ayudar al cuerpo y a la mente a repararse y a relajarse. Lo necesitamos. Si estás triste, si estás cansado, si estás simplemente agotado o preocupado, aprende a reprogramar tu cerebro para que pueda dormir. Prueba este pequeño y eficaz ritual del sueño, adáptalo a tus preferencias y crea el tuyo propio al que puedas recurrir cuando sea necesario y que te ayude a disfrutar de una actividad tan importante como dormir bien.

Encontrar los gestos y los rituales que nos dan seguridad y confianza es importante a lo largo de toda la vida. Pero a veces, cuando la presión y el estrés nos agobian, necesitamos un gesto específico para cambiar el signo de nuestras emociones. Esto es posible por ejemplo gracias a esta técnica que nos ayuda a sentirnos mejor a voluntad.

Anclajes: cómo revivir un estado emocional a voluntad

Lo normal es esto: te despiertas cada mañana y esperas a ver qué te trae el día y cómo te van a hacer sentir los demás, como una marioneta. Pues te propongo hacer algo para que mañana por la mañana te despiertes y seas tú quien decida cómo te sientes. Parece imposible pero está al alcance de todo el mundo. Vamos a ensayar los pasos de esta técnica juntos, aunque primero quiero que vayas pensando en un momento de tu vida que fuera particularmente agradable o positivo. Por ejemplo, cuando te enfrentaste al miedo y venciste, cuando lograste una meta, cuando tu pareja te enamoró... Tiene que ser un momento especial, porque te voy a enseñar a revivir estas sensaciones positivas y placenteras a voluntad.

Parece magia, pero es una técnica básica y muy eficaz basada en un sistema que se llama PNL, programación neuro-lingüística, creado por Richard Bandler y John Grinder. Esta técnica se llama «anclaje» y parte de la idea de que todos respondemos de forma automática a determinados estímulos que pueden ser neutros, positivos o negativos, y te puedes dar cuenta de ello o no. Cuando oigo un determinado ruido, siento miedo. Cuando escucho *esa* canción, me vuelvo romántico. Asocias un estímulo a una emoción. Por ejemplo, conoces a alguien en una fiesta, no sabes nada de esta persona, pero te habla con un tono de voz que te recuerda cómo te hablaba un profesor cascarrabias al que temías cuando eras pequeño, y esa persona, de entrada, a lo mejor sin que sepas por qué, te va a provocar cierto miedo y rechazo.

- ¿También funciona en positivo?

Sí. Por ejemplo, asocias la cara de un humorista a las ganas de reírte y sólo con verle ya tienes ganas de echarte a reír. Tenemos anclada una determinada emoción a una cara o circunstancia. Y tenemos muchos anclajes positivos en nuestras vidas. Recordad que quiero que vayáis eligiendo un estado emocional muy concreto y muy positivo. Os doy ideas: si cuando eras niño hacías actividades en casa que te daban mucha alegría, seguirás poniéndote alegre cuando hagas esta actividad, o cuando mires un álbum de fotos antiguas que te traigan recuerdos, o cuando acaricies aquel osito de peluche que consolaba a un niño inquieto, recuerda ese sentimiento de consuelo. Evoca el olor de una tarta de manzana recién horneada que te recuerda un momento feliz de tu infancia. Ese olor sirve para anclar una emoción agradable. O el himno de tu equipo de futbol, o su bandera, que asocias a la euforia de cuando ganan, o aquella vez que fuiste valiente y superaste el miedo a hacer algo, ese sentimiento es muy intenso, muy positivo. En fin, hay tantos. Todos ellos son excelentes ejemplos, que podemos anclar y recordar a voluntad en nuestras vidas. La idea es la siguiente: cuando una persona está en un estado emocional intenso y hay un estímulo específico —una frase, una palabra, una sensación física, algo que ve o que huele, una imagen en su cabeza—, entonces el estímulo y el estado emocional se conectan. Y a partir de allí, cada vez que esa persona repita el estímulo conscientemente sentirá el estado emocional.

Este tipo de anclaje en realidad es algo que nos pasa continuamente: las diversas situaciones que vivimos nos recuerdan emociones buenas o malas o neutras, y esto lo puedes utilizar de mil maneras. De hecho, hay un experimento curioso que se hizo en la Universidad de Harvard. Reunieron a dos grupos de hombres de entre setenta y cinco y ochenta años en un retiro durante cinco días. Al primer grupo se le pidió que escribiese y recordase anécdotas autobiográficas en general. Al segundo grupo se le pidió que recordasen lo mismo, episodios de su vida, pero de cuando tenían cincuenta años. Éstos miraron películas, escucharon música y charlaron acerca de cuando eran más jóvenes. Pues bien, el segundo grupo mejoró de forma llamativa respecto a sus características físicas: después de cinco días, eran más flexibles, veían mejor, eran más fuertes y puntuaron mejor en los test de cociente intelectual. Habían recuperado en parte sus características de cuando tenían cincuenta años.*

* Langer, E., «Mindfulness», Addison Wesley, Reading, 1989.

- ¿Ya has encontrado ese momento especial que quieres revivir ahora?

¿Preparado? Lo bueno es tener unos veinte minutos tranquilos para hacer esto, sin que te interrumpan. Se trata de comprender cómo funciona la técnica para que puedas aplicarla luego cuando desees y tener así tu propio anclaje positivo consciente.

Siéntate, pies en el suelo, respira hondo y relájate. Después de leer los pasos necesarios para hacer el anclaje, puedes cerrar los ojos si quieres cuando lo lleves a cabo.

- Elige el estado emocional que quieres sentir: curioso, entusiasmado, relajado, soñoliento... Tiene que ser un estado que ya has experimentado alguna vez en tu vida. ¿Recuerdas cuando esa chica maravillosa te sonrió? ¿Recuerdas lo bien que te sentiste? ¿O aquella noche de Navidad tan especial?
- Decide qué señal vas a utilizar para este estado emocional: una canción, un sonido, una postura corporal o un gesto. Por ejemplo, te digo una que me gusta a mí, que es acariciarme las rodillas. Podrías chasquear los dedos, o dar una palmada, o chuparte los labios. Cuanto más sencillo, mejor. Elige también alguna señal visual: un sonido, un olor, lo que quieras.
- Cierra los ojos y retrocede al momento que quieres recordar. Mira las imágenes en tu mente con todos los detalles que puedas. Tómate tu tiempo.
- Recuerda las sensaciones físicas corporales, si hacía frío o calor...
- Y ahora intensifica la emoción. Hazlo todo más grande y más brillante en tu mente. Mira y siente

esa experiencia sin parar todo el tiempo que puedas.

- Estás sumergido por esa emoción, sientes las sensaciones que te atraviesan. Intensifícalas varias veces.
- Ancla esta sensación: cuando sea más intensa, cierra los puños o acaricia tus rodillas o cualquiera que sea la señal elegida. No uses la señal de anclaje si la emoción baja de intensidad.
- Ahora siente cómo tu cuerpo se relaja. Repite los últimos tres pasos —intensificar la emoción, anclarla con la señal elegida y relajarte— muchas veces a lo largo de unos días. Tienes que dar tiempo al cerebro de crear las conexiones que asocian tu señal a ese emoción concreta, y para eso tendrás que repetirla varias veces.
- Cuando te sea fácil hacerlo, prueba directamente a hacer tu señal: cierra los puños, acaricia las rodillas...y entonces sentirás la emoción de nuevo. ¡Enhorabuena! Ya eres capaz de sentir algo agradable en segundos, a voluntad.

Estamos programados para convivir y prosperar en unas redes sociales, físicas y virtuales cada vez más amplias y más exigentes. Por ello se hace cada día más imprescindible lograr comprender a los demás y compartir un idioma que nos permita resolver, apoyar y cooperar con personas de culturas, edades y procedencias muy variadas. Una parte importante de las emociones universales que compartimos con el resto del mundo se expresa de forma silenciosa, sin palabras, a través del lenguaje no verbal. En las próximas rutas de este libro vamos a desbrozar algunos aspectos de este lenguaje universal.

CAPÍTULO CUATRO

EL LENGUAJE SECRETO DE LAS PERSONAS

Estrategias para comunicarnos sin rodeos con los demás

Quisiera presentaros a Gretchen Rubin, una mujer que rezuma humana normalidad por todos los costados y que tiene un éxito increíble como escritora. ¿Por qué? Gretchen es tan normal que su éxito deriva de algo que cualquiera de nosotros hace a diario: buscar una parcelita de felicidad a trancas y barrancas. Pero a diferencia de nosotros, Gretchen se ha dedicado a ello un año entero en cuerpo y alma y lo ha sabido comunicar con entusiasmo. Con un espíritu práctico encomiable, ha tomado apuntes de su periplo mientras lloraba, gritaba, meditaba, gemía y cantaba hacia la felicidad. No se ha ahorrado detalle del periplo. El resultado de esta autoevaluación perpetua son doce mandamientos y un puñado de frases. Desde entonces, Gretchen tiene miles de seguidores en todo el mundo.

Sin más rodeos, os diré que mi mandamiento favorito es el primero: «Ser Gretchen». Es decir, ser uno mismo. No sé si Gretchen es feliz, pero ha encabezado la lista de libros más vendidos del *The New York Times*, y yo tenía la firme intención de seguirla a pies juntillas. Sin embargo, admito que desde que la escuché en su video-blog,* he moderado mi entusiasmo por «Ser Gretchen». ¿Por qué? Pues porque Gretchen no burbujea. ¿Me comprenden? Para mí, ésa es la prueba del algodón de la felicidad,

* www.happiness-project.com

algo que emana de las personas felices, se abre camino hacia el exterior y se funde gozosamente con la luz y el aire, a pesar de los conflictos y las decepciones diarias. Ese día Gretchen, en vez de burbujear, aconsejaba cansinamente que si algo te da pereza, tienes que hacerlo nada más levantarte y repetidas veces, una cura de espanto denominada «Cuarto Mandamiento». Nuestra esforzada Gretchen aseguraba, a modo de ejemplo, que como le costaba esfuerzo refrescar su blog semanalmente, había decidido hacerlo todos los días de la semana excepto el domingo. Probablemente por esa dedicación entusiasta al deber, Gretchen, cansada y harta, se había lanzado a grabar el video-blog con la bata de baño puesta.

Eso, queridos lectores, es contraproducente. Si estás cansado, transmites cansancio. Si estás dubitativo, transmites dudas. Si estás rabioso, no hace falta que digas nada: tus manos contraídas y tus pupilas fijas te delatan. Al final, hay que admitir que somos lo que parecemos, que emitimos las señales de lo que cocinamos por dentro y que los demás están programados para leernos, aunque no digamos nada. Pretender no basta.

Nos comunicamos automáticamente, con palabras y sin ellas, en cuerpo y mente. Cada emoción que nos agita emerge a la superficie de la piel y deja una huella. De hecho, dicen los expertos que pesa mucho más lo que *no* decimos, que nuestras propias palabras. Por ello, para comunicarnos bien, tenemos que aprender a leer el lenguaje del cuerpo, esto es, poner atención y cuidado en la escucha completa del otro. No necesitamos ser expertos leyendo las señales, porque ya estamos programados para sintonizar con las emociones que nos rodean. Sin darnos cuenta siquiera, desciframos automáticamente lo que los demás encierran. ¿Alegría? ¿Indiferencia? ¿Sorpresa? Todas esas emociones emergen y se plasman en los gestos y las miradas, en el tono de la voz y también en el uso de las palabras. Cuando reconocemos estas señales, evitamos prestar una atención parcial y selectiva, y abrimos la mente a una realidad más amplia.

Aprender a comunicarnos también es clave para expresarnos con eficacia, para trasladar al otro nuestras necesidades auténticas, para no perdernos en palabras planas, malentendidos o banalidades. Como ya hemos mencionado en el anterior capítulo, los humanos, por naturaleza, somos seres únicos, pero a menudo optamos por escondernos o refugiarnos en los lugares comunes del grupo. Por eso el Primer Mandamiento de Gretchen es tan difícil de seguir. Si nos dijesen: «¡Sé como los demás!» resultaría fácil, ya lo hacemos a diario. Y es que mostrarnos a los demás a menudo nos acobarda. Pero el desafío está precisamente en saber expresarnos para poder entrar en el cuerpo a cuerpo con el resto del mundo, con los ojos bien abiertos a la realidad compleja y siempre cambiante. Sólo así cobra sentido vivir, crear y construir juntos.

Ruta 10. Sombras en la niebla: el lenguaje secreto de los demás

Antes de adentrarnos en los detalles, quisiera hacer un breve repaso a la extraordinaria mente que se expresa y se delata a través de nuestro lenguaje corporal. Con ella viajamos por la vida diaria y con ella tomamos decisiones, buscamos estrategias y alternativas y nos protegemos de los peligros del camino. Y ¿qué es exactamente la mente? Desde hace siglos, psicólogos, lingüistas, neurocientíficos y filósofos de todo el mundo han estudiado la naturaleza de la mente, que nos guía a cada paso de nuestras vidas, pero ésta sigue siendo, en muchos aspectos, un misterio fundamental del que nos queda mucho por descubrir. Cuando hablamos de mente nos referimos a la actividad del cerebro. Pero esa respuesta no es suficiente. Habría que ampliarla contestando a preguntas como por ejemplo, ¿hay conexiones entre la mente, el cuerpo y el cerebro?, ¿influye el entorno en nuestra mente?

- Si no hay más remedio, cuéntame lo que sabemos acerca de la mente.

¡En realidad te estoy hablando de ti, de tu esencia! Para comprender mejor nuestras mentes vamos a recordar brevemente cómo funciona su órgano más evidente, el cerebro. La parte más antigua de nuestro cerebro es el tallo encefálico, que une la espina dorsal con el cerebro. Tiene más de tres millones de años de antigüedad y es responsable de comportamientos automatizados tan poderosos como el famoso instinto de huida o agresión ante el peligro. Si hay alguna parte de nuestro cerebro empeñada en querer sobrevivir es ésta. La parte intermedia del cerebro es el área límbica, que tiene unos doscientos millones de años de antigüedad y que, combinada con el tallo encefálico, conforma lo que solemos denominar «cerebro emocional», o, en palabras del psiquiatra Dan Siegel, el «cerebro de abajo». El «cerebro de arriba» es la corteza cerebral, más reciente y particularmente desarrollada en los humanos. Recordemos que el cerebro de arriba, que toma las decisiones conscientes y gestiona nuestras emociones, no termina de madurar hasta bien entrada la década de los veinte. Por ello, especialmente en los niños y jóvenes, el hemisferio derecho del cerebro y el «cerebro de abajo», más emocionales, tienden a dominar sus comportamientos y decisiones.

- Sueles hablar a menudo de la mente consciente y la mente inconsciente.

Los científicos dividen la mente en dos partes, la mente consciente y la mente inconsciente. La mente consciente engloba todo aquello que podemos manipular deliberadamente, es decir, las decisiones que tomamos «a sabiendas». Ésa es la parte de la mente que durante siglos se ha considerado más evolucionada, frente a nuestras emociones e instintos. La mente inconsciente podría ser, según la definen algunos neurólogos y psiquiatras, como un ordenador programado con multitud de programas automáticos en base a nuestras experiencias vitales. Buena parte de estas experiencias podrían darse antes de los seis o siete años de vida, que es la etapa en la que se desarrolla y consolidan nuestros principales patrones emocionales.

Hace ya varias décadas que los científicos llegaron a la conclusión de que nuestras vidas dependen menos de lo que creíamos de la mente consciente, y lo hicieron a través de estudios que muestran que la mente inconsciente toma decisiones una fracción de segundo antes de que lo hagamos conscientemente. Por ello, estos descubrimientos han cuestionado seriamente nuestra capacidad de libre albedrío* y han puesto énfasis en la importancia de lograr comprender cómo se han conformado nuestros grandes patrones emocionales en la infancia, porque allí podría estar la clave de muchos de nuestros comportamientos y de las emociones que los guían (recordemos que, como dice Antonio Damasio, «en la base de cada pensamiento racional hay una emoción»).

En pocas palabras: dependemos de una parte de

* Estos estudios han generado un debate apasionante en el que podéis profundizar leyendo, por ejemplo, a Benjamin Libet, Daniel Dennett o Stephen Hawking.

nuestro cerebro eminentemente instintiva y emocional y cuyos mecanismos sólo podemos percibir si aprendemos a leer entre líneas, analizando nuestros comportamientos y emociones para lograr comprender de dónde proceden.

Tampoco podemos seguir defendiendo otra tendencia dominante durante siglos —separar el cuerpo de la mente—, a la vista de lo que sabemos actualmente del cerebro. El cerebro no es sólo el órgano que tenemos en la cabeza; la vida mental de las personas implica todo el cuerpo, porque el tallo encefálico y el área límbica —el «cerebro de abajo»— están profundamente influidos por todo el cuerpo, por el sistema nervioso autónomo, por los nervios periféricos... En este sentido, el impacto entre cuerpo y mente podría definirse como el resultado natural de que nuestro «cerebro» se extiende mucho más allá del órgano que tenemos en la cabeza.

Ya estamos preparados para adentrarnos a continuación en unas rutas muy particulares. Son tal vez las más discretas y pequeñas de toda nuestra geografía, se esconden en los recovecos de caminos perdidos entre la maleza, o en senderos modestos que no parecen llevar a nada... Pero en estas rutas, ocultas en las caras, los ojos, las manos, los cuerpos y las miradas, están encerrados los secretos de la topografía humana.

Cómo pillar a un mentiroso...

Como veíamos en el capítulo anterior, las palabras no son necesariamente un medio de comunicación transparente sino que se utilizan a menudo para manipular, pero algo suele alertarnos cuando quien nos está hablando oculta una parte de la verdad. ¿Qué podemos hacer para descubrir cuándo las personas no nos dicen la verdad? Tradicionalmente, para acometer la desagradable tarea de pillar a un mentiroso se ha utilizado un detector de mentiras, el llamado polígrafo. ¿Cómo puede el polígrafo pillar a un mentiroso? En realidad el polígrafo no detecta la mentira propiamente dicha, sino las alteraciones fisiológicas que se dan cuando mentimos: la máquina recoge cambios en el ritmo cardíaco, la presión arterial, la conductividad o temperatura de la piel, todos ellos signos de la activación emocional normal cuando haces algo arriesgado como mentir. También es corriente que aumente el ritmo respiratorio, el sudor, el rubor y el enrojecimiento facial, que pueden observarse sin la ayuda del polígrafo. Es decir, que la diferencia entre una persona y un polígrafo es que éste último registra los cambios fisiológicos con exactitud, detecta algunos que son tan mínimos que no pueden verse y desvela ciertas actividades —por ejemplo, el ritmo cardíaco— que directamente no son visibles. Lo hace amplificando señales procedentes de unos sensores que se adhieren a distintas partes del cuerpo. El polígrafo falla ante las personas muy ansiosas, que generan estas señales aunque no estén mintiendo, y también ante los psicópatas, que son excelentes mentirosos porque no les importa hacer daño a los demás.

Podemos transformarnos en muy buenos detectores de mentiras y de mentirosos simplemente fijándonos en las señales que emiten los demás. Hay dos tipos de señales básicas para percatarse de las mentiras: las verbales y las físicas. Es relativamente sencillo descubrir las mentiras cuando sabes cómo se comporta una persona cuando dice la verdad. Por ello, es aún más fácil detectar cuando mienten las personas que conocemos bien.

- ¿Por qué mentimos?

Durante millones de años hemos vivido en pequeñas comunidades donde mentir era difícil (dado que te conocían bien) y, por tanto, tenías muchas posibilidades de ser descubierto y castigado. Además, la colaboración entre personas para poder sobrevivir —que implica ayudarse y no mentirse— era fundamental. Aunque existen los mentirosos patológicos, que mienten sin remedio, son relativamente pocos, y de hecho un estudio encontró estructuras cerebrales atípicas en las personas que mienten habitualmente.

- ¿Es fácil mentir?

Hay que esforzarse mucho para ser un buen mentiroso: tienes que ponerte en el lugar del otro, manipularlo, adelantarte a sus reacciones, controlar tus emociones para no delatarte, tener buenas habilidades verbales... Los mentirosos patológicos suelen tener más materia blanca que la media y una cierta carencia de materia gris; esto significa que tienen más herramientas cognitivas con las que pueden mentir y menos escrúpulos morales. El ser humano no está demasiado bien dotado para mentir, excepto en dos casos: cuando está enfermo (los psicópatas mienten muy bien) o cuando se miente a sí mismo y, en consecuencia, se cree sus propias mentiras. Éste es un mecanismo muy corriente: justificamos nuestras propias mentiras hasta que nos las llegamos a creer.

- ¿A partir de qué edad empezamos a mentir?

Empezamos a mentir en torno a los cuatro o cinco años, no por maldad sino para experimentar y para mejorar nuestro manejo del lenguaje, y luego lo seguimos haciendo para suavizar la realidad o para lograr nuestros fines. Todos los que estamos ahora mismo leyendo este libro hemos mentido hoy por lo menos una o dos veces: mentimos de media en el 30 a 38 por ciento de nuestras interacciones diarias.

- ¿Qué pistas hay cuando alguien miente? ¿Le crecerá la nariz?

Pues sí, resulta que cuando mentimos se liberan unas sustancias químicas que inflaman el tejido interno de la nariz, ésta se hincha un poco y sentimos la necesidad de rascárnosla. Ésa es una de las señales. Hay otras señales evidentes de que estás mintiendo, como tragar más saliva, parpadear más o menos de lo habitual, apretar los labios (porque estás callando algo) o mojártelos porque se te resecan (tienes miedo a que te pillen). Los mentirosos también desvían la mirada, tartamudean, no terminan las frases y están atentos a los pies, porque cuanto más lejos está una parte del cuerpo de nuestro cerebro, más complicado nos resulta controlarla. Por ello, cuando mientes o cuando estás muy incómodo, mueves inconscientemente mucho más los pies.

- Y quién miente mejor, ¿los hombres o las mujeres?

Las mujeres suelen mentir un poquito más hábilmente. Cuando los hombres mienten el lenguaje de su cuerpo suele ser muy evidente, pero cuando las mujeres mienten, como se les suele dar mejor eso de hacer varias cosas a la vez, pueden aparentar que están ocupadas...

Existe un video muy interesante* en el que podemos comprobar cómo cuando alguien miente su cuerpo le traiciona. Es el video de Bill Clinton, el ex presidente de Estados Unidos, declarando en el Senado sobre su rela-

* Puede verse en YouTube buscando «Bill Clinton mintiendo».

ción con la becaria Monica Lewinsky, un ejemplo histórico de una mentira que acabó siendo confesada. Durante su mandato presidencial, Clinton tuvo episodios de sexo oral con esa becaria en su despacho de la Casa Blanca. Se le acusó de delito de perjurio, bajo la figura del *impeachment* (literalmente, bochorno, algo parecido para nosotros a una moción de censura), que permite procesar a un cargo público. El Senado se encargó del juicio, que planteó muchas dudas acerca de los límites entre la vida pública y la vida privada, aunque no se juzgaba al presidente por su encuentro sexual con la becaria, sino por mentir acerca de esa relación. La declaración previa —a la que se refiere constantemente Clinton en el video— decía que había tenido una relación inapropiada, pero no sexual, con Monica Lewinsky. Finalmente, Clinton fue absuelto. Al cabo de un tiempo, reconoció: «Como ustedes saben, en una declaración hecha en enero, se me hicieron preguntas sobre mi relación con Monica Lewinsky. Respondí a sus preguntas sobre mi vida privada... preguntas que ningún ciudadano norteamericano querría nunca responder. Aun cuando mis respuestas eran legalmente exactas, no di toda la información. En realidad tuve una relación con Monica Lewinsky que no era apropiada. En efecto, era incorrecta. Constituyó un error de juicio y una falta personal de mi parte de la cual sólo yo soy responsable».

En el curso de un estudio científico, dirigido por el doctor Hirsch, psiquiatra y neurólogo del St. Luke´s Medical Center en Chicago, se comprobó que hay veintitrés indicios verbales y físicos que delatan a los mentirosos. En la declaración de Clinton en el Senado, se cumplían veintiuno de los veintitrés indicios. Las señales fisiológicas que muestra son muy claras. Aquí recogemos algunas de ellas:

Durante el interrogatorio, que duró cuatro horas, Clinton no sabía qué había declarado Monica Lewinsky. Lo que viene a continuación es un extracto de su intervención. Interroga a Clinton un abogado de la parte demandante, Solomon Wisenberg.

Solomon Wisenberg: Si Monica Lewinsky afirmase que, mientras estaban en el Despacho Oval, usted le tocó el pecho, ¿estaría mintiendo?

Clinton apoya los codos en la mesa, se toca la nariz, sonríe en un momento incómodo y se echa hacia delante.

B. C.: Déjeme decirle algo acerca de todo esto…
S. W.: Lo único que necesito de usted, señor presidente…

Clinton desvía la mirada, se chupa los labios. No contesta directamente, no termina la frase.

B. C.: Ya lo sé...
S. W.: Necesito que conteste a la pregunta, porque sólo tenemos cuatro horas, y sus respuestas son muy largas...
B. C.: Proceda, haga sus preguntas...
S. W.: La pregunta es, si Monica Lewinsky dice que estando en el Despacho Oval usted tocó su pecho, ¿mentiría?
B. C.: No es así como lo recuerdo... Lo que yo recuerdo es que no tuve relaciones sexuales con la señorita Lewinsky, y me voy a ceñir a mi declaración previa en este sentido.

Junta las manos. No mira de frente y Tartamudea.

S. W.: Si ella dice...
B. C.: Mi, mi, mi... declaración previa fue que no tuve relaciones sexuales definidas como tales.
S. W.: Si ella dice que besó usted su pecho, ¿mentiría?
B. C.: Voy a atenerme a mi declaración previa.
S. W.: Está bien. Si Monica Lewinsky dice que mientras estaban en el Despacho Oval usted tocó sus genitales, ¿mentiría?

El presidente aprieta los labios, frunce el ceño y la cara. Sigue sin mirar de frente.

S. W.: ¿Esto es un sí, un no o se atiene a su declaración anterior?
B. C.: Me atengo a mi declaración anterior.
S. W.: Si Monica Lewinsky dice que usted utilizó un puro como juguete sexual en el Despacho Oval, ¿mentiría? ¿Sí, no o no contesta?

Cara de sorpresa exagerada. Sonrisa incómoda. Aprieta los labios.

B. C.: Me atengo a mi declaración previa.
S. W.: Si Monica Lewinsky dice que usted tuvo sexo telefónico con ella, ¿mentiría?

Gestos: parpadea deprisa. Utiliza palabras como «bueno» y otras muletillas que desvían la atención.

Clinton: Bueno... Creo que eso, al menos en términos generales, está contemplado en mi declaración previa... Creo que lo he cubierto allí... Y no creo que...

Tartamudea, no termina las frases, desvía la mirada, no contesta directamente, sonríe de boquilla —no con los ojos— y de forma inapropiada... Frunce el ceño y bebe agua.

S. W.: Deje que le defina lo que entendemos por sexo telefónico: se da cuando una de las personas que está al teléfono se masturba mientras la otra le habla de una forma explícitamente sexual. La pregunta es que si Monica Lewinsky dijera que tuvieron sexo telefónico, ¿mentiría?

Clinton junta las manos y desvía la mirada. Casi no se mueve, está físicamente tenso.

B. C.: Creo que esto está contemplado en mi declaración previa.

Listado básico que resume los gestos que delatan a un mentiroso:

- Tocarse la nariz es un indicio interesante. La nariz está compuesta por tejidos eréctiles como el pene, por lo que se llena de sangre cuando mentimos. Por ello, quienes mienten suelen tocarse la nariz, porque están incómodos con la sangre que fluye a esa zona; en ese caso, se habla del «efecto Pinocho».
- Echarse hacia delante.
- Desviar la mirada.

- Juntar las manos, apoyar los codos, apretar los brazos contra el cuerpo. Todo ello denota una actitud defensiva.
- Estar físicamente tenso. De nuevo, actitud defensiva.
- Tartamudear, no terminar las frases. Signos bastante evidentes de nerviosismo.
- Poner énfasis verbal en lo que NO has hecho: negar la evidencia.
- Sonreír con sonrisa de «cortesía» (sin mover los músculos de los ojos) y de forma inapropiada.
- Beber y tragar saliva.

- ¿Cómo sería la vida si todos supiesen mentir a la perfección o, por el contrario, si nadie pudiera hacerlo?

Si nunca pudiéramos mentir, mantener relaciones con los demás sería muy difícil. No habría cortesía, no suavizaríamos las cosas, no ocultaríamos los sentimientos a veces inoportunos o injustos que tenemos a lo largo del día. Diríamos «qué fiesta tan aburrida», «qué mal aliento tienes esta mañana» o «estás feísima», dificultando enormemente nuestra vida en común. Imaginemos que nuestro compañero de trabajo, amigo o amante fuera alguien que expresase sus emociones como un niño de pocos años. ¡Terrible perspectiva! Decir todo lo que se te pasa por la cabeza no es algo que sea deseable.

Cuando Darwin regresó del largo viaje en el que había sentado las bases de su teoría de la evolución, también lo hizo convencido de que sólo las emociones constituían el lenguaje universal y básico de la especie humana. Por ello disfrazar las emociones no es fácil. Necesitamos emociones para convivir, colaborar y comunicarnos. A diario, nos toca decidir cuándo es justo o necesario expresar estas emociones abiertamente o cuándo es mejor callar o disimular para facilitar nuestra convivencia y no herir a los demás inútilmente.

Los secretos de los ojos

Asegura el dicho popular que los ojos son los espejos del alma, y podría ser cierto, porque hay tanta información que le llega al cerebro a través de éstos… Aunque adquiramos todo tipo de conocimientos, no nos suelen enseñar nada específico acerca de la más básica de las comunicaciones no verbales, que es simplemente mirarse. Los ojos son tremendamente expresivos ya desde la infancia: los estudios muestran que con pocos meses de vida tendemos a dejar de sonreír si nuestros padres no nos miran a los ojos. La mirada es una toma de contacto muy clara y poderosa, que puede ser amistosa o no.

- Empecemos por lo más básico. ¿Es mejor mirar a la gente de frente o desviar la mirada?

Buena pregunta, aunque la respuesta depende de lo que quieras conseguir. Porque cuando miras a alguien de frente, de forma abierta, le estás diciendo «aquí estoy, bienvenido». Pero si te pasas y miras demasiado fijamente, como escudriñándole, le puedes intimidar. Si no estáis seguros, una pauta es mirar por bloques: miráis de frente unos cuatro segundos, luego desviáis la mirada unos segundos más y volvéis a mirar. Podéis practicar mirando a la pared como si fuese la cara de alguien, luego desviáis la mirada, contáis hasta cinco y volvéis a mirar la pared, hasta que os sintáis cómodos con esta técnica.

- Por ejemplo, ¿cómo debo mirar si quiero causar buena impresión en una entrevista de trabajo?

Eso está muy claro: en general, la gente tímida o torpe en lo social suele evitar mirar a los demás de frente, pero si quieres hacer llegar un mensaje claro tienes que mirar al otro a los ojos al menos el 75 por ciento del tiempo mientras escuchas y al menos el 90 por ciento del tiempo mientras hablas. En diversas investigaciones se ha comprobado que cuando la persona que va a una entrevista de trabajo mira a los ojos a sus entrevistadores, tiene más posibilidades de conseguir el trabajo que si evita la mirada.

- Y ahora vamos a imaginar que lo que yo quiero transmitir es que alguien me gusta...

Pues vamos a reventar el secreto de los grandes ligones. Si quieres flirtear, practica la mirada triangular: frente al otro, mira su ojo izquierdo, luego el derecho, luego los labios, y vuelta a empezar. También es potente la mirada-pausa: miras de frente mientras hablas y entonces pausas (es decir, dejas de hablar sin dejar de mirar), y luego sigues mirando y hablando. Sostienes la mirada y modulas la voz. El lenguaje de los ojos se traduce en muchos detalles. Por ejemplo, cuando el ojo necesita más luz la pupila se agranda, como les ocurre a los búhos, pero también se dilata la pupila cuando estás a gusto con alguien o algo. Así que si quieres saber cómo se siente el otro contigo, mira sus pupilas.

- ¿Por qué a veces nos sentimos incómodos mirando a los ojos de alguien?

Es verdad, cuando miramos a alguien fijamente puede resultar tan intenso y tan incómodo que uno de los dos desvía la mirada. Hay una teoría que lo explica así:

tu cerebro tiene dos hemisferios; cada persona tiene un hemisferio más activo que el otro. Un hemisferio, el izquierdo, es más analítico y secuencial, y el otro, el derecho, es más emocional y menos lineal. El 80 por ciento de la población prefiere utilizar el hemisferio izquierdo y, por tanto, usa más la mano derecha. Y de la misma forma, todos tendemos a tener un ojo un ojo más dominante que el otro.

- ¿Cuál es mi ojo dominante?

Para descubrir tu ojo dominante te voy a dar una técnica sencillísima. ¿Te importa bostezar ahora? El ojo que se mantiene abierto cuando bostezas es tu ojo dominante. Cuando hay tensión o conflicto entre dos personas, tendemos a utilizar nuestro ojo dominante para mirarlo de frente y escondemos el ojo «suave» (éste se retrae físicamente). Por tanto, cuando quieres evitar que tu contrincante esconda su ojo «suave», mírale a ese ojo o mira entre sus dos ojos. En cualquier caso, evita su ojo dominante. Te sentirás más seguro.

- Si estoy intentando llevar una conversación seria con alguien, ¿dónde poso la mirada?

Si necesitas pensar, no mires al otro demasiado: pensamos mejor cuando no estamos mirando a los ojos de alguien. Cuando miras a los ojos de otra persona tu diálogo interno se ralentiza o se interrumpe.

- ¿Y si quiero distanciarme o acercarme a alguien?

Si estás con alguien de quien quieres distanciarte, mírale entre los ojos. En cambio, si quieres acercarte a alguien mírale directamente a los ojos; segregarás oxitocina, y eso crea una sensación de bienestar y por tanto de más cercanía. De hecho, dicen que mirar a los ojos de alguien que te parece atractivo ayuda a enamorarte... Y recuerda que si estás con alguien nervioso, puedes intentar calmarlo con la mirada.

- Sugiéreme algo que pueda ayudarme a conectar con mi pareja.

 Para fortalecer el vínculo con tu pareja hay una técnica que se llama «mirarse al alma»: cada uno mira al ojo suave del otro, mientras ambos respiran a la vez. Es una buena excusa para tomarse un tiempo para reconectar con el otro en silencio.

Estamos programados para comunicarnos y compartir emociones de forma consciente e inconsciente. Algunos gestos son tan corrientes, tan sencillos, que no les damos ninguna importancia. Y así nos perdemos una fuente de información y de comunicación que puede estar llena de significado. Un ejemplo del tipo de gestos que suelen pasar desapercibidos es lo que denominamos «micropicores». Vamos a descubrirlos.

Los micropicores revelan mucho acerca de ti

A veces, rascarse no es tan inocente como creemos. En particular, los micropicores son gestos que hacemos que delatan una emoción reprimida. Son gestos aparentemente inofensivos, parece que te estás rascando, pero en realidad revelan mucho acerca de ti o de tu interlocutor. Por ejemplo, imagina que estás sentado en una cena bastante aburrida y quisieras irte; pero no puedes, tienes que quedarte un rato más. Como tienes el deseo de marcharte, el cerebro se adelanta a tus deseos y le manda a tus piernas la señal de partida, y entonces fluye más sangre a esa zona... La zona se dilata más de lo normal y eso crea un picor que tú rascas casi inconscientemente para aliviar la sensación. El picor suele durar unos cinco segundos y ocurre incluso antes de que te des cuenta de que estás deseando irte.

- Es decir, ¿que a veces los gestos rutinarios no son inocentes?

Exactamente. Esa idea la explica el sinergólogo Philippe Turchet como una expresión del cuerpo que revela lo que pensamos de verdad. Si lees bien esa señal te anticiparás a los sentimientos del otro, y a tus propios sentimientos, incluso antes de que lo sepas de forma consciente.

- ¿Hay alguna parte del cuerpo más reveladora cuando me entra un micropicor?

Cuanto más se manifiesta el micropicor cerca del centro del rostro mayor es tu implicación. La nariz, en este sentido, es muy reveladora, como ya vimos en el caso de las señales que delatan a los mentirosos, aunque los micropicores también se dan en el pelo, los ojos, la barbilla, las orejas, la frente o la boca. En el cuerpo, el micropicor dice mucho también: fijaos por ejemplo si os rascáis en la cara interna del brazo o de la pierna —desvela sensación de bienestar— o en la cara externa, que en cambio sugiere malestar...

- No sólo cuenta dónde te rascas, sino cómo.

Rascarse con la mano abierta muestra una mayor relajación frente a la situación o el interlocutor. Rascarse con el puño cerrado refleja un estado de estrés o concentración del pensamiento que impide la relajación. Y rascarse con el dorso de la mano es como una vuelta sobre uno mismo, una reflexión. Hay micropicores que delatan ansiedad o una pequeña inseguridad, pero hay otros que son verdaderas señales de alarma porque muestran enfado, a veces incluso intenso, y te están reclamando una reacción apropiada.

Empecemos por lo más leve, los micropicores que delatan inseguridad. Por ejemplo:

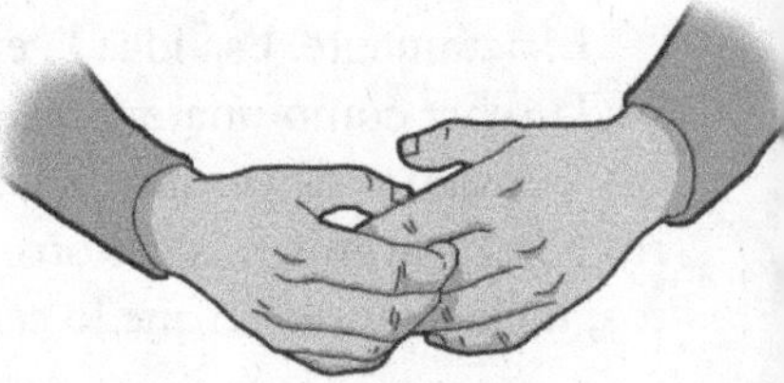

«Me siento incómodo.»

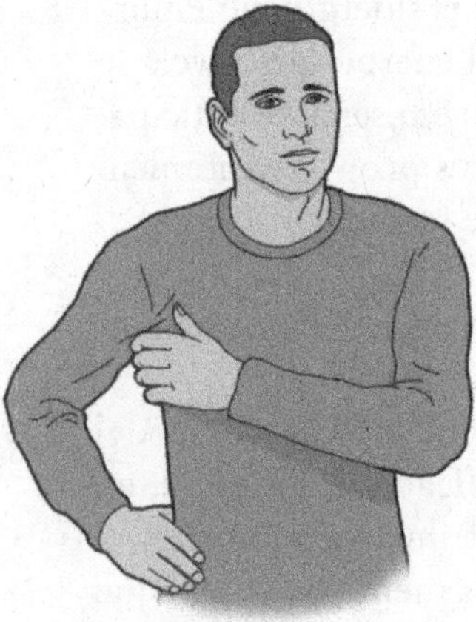

«No puedo hacer nada,
lo siento mucho.»

«Creo que me estás mintiendo.
Lo que te estoy diciendo es mentira.»

«Tengo ganas de hacerlo
pero no me atrevo.»

«Podría dar más,
pero no me atrevo.»

Ahora vamos a empeorar un poco las cosas, vamos a ver qué micropicores delatan ansiedad... ¿Cómo crees que te rascarías si una situación te agobiase?

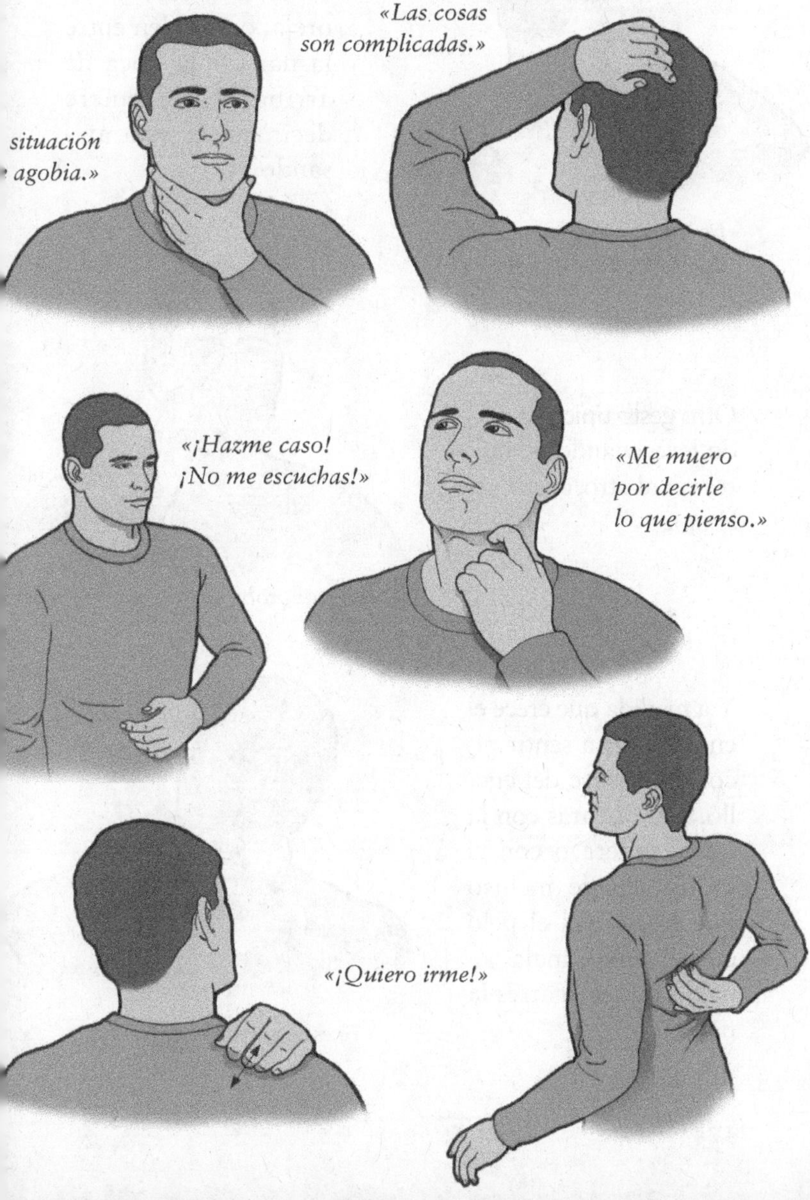

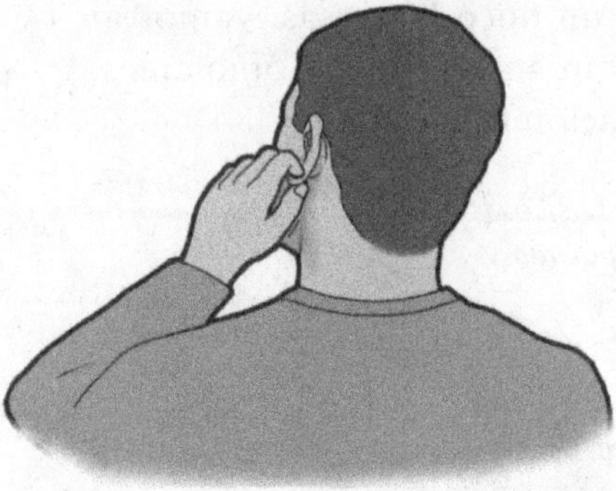

Vamos a ver ahora las señales de enfado leve. Atención: si alguien se rasca el lóbulo de la oreja, o también entre la nariz y la boca de arriba abajo, quiere decir que te está avisando.

«Lo que dices me molesta... Me pareces autoritario.»

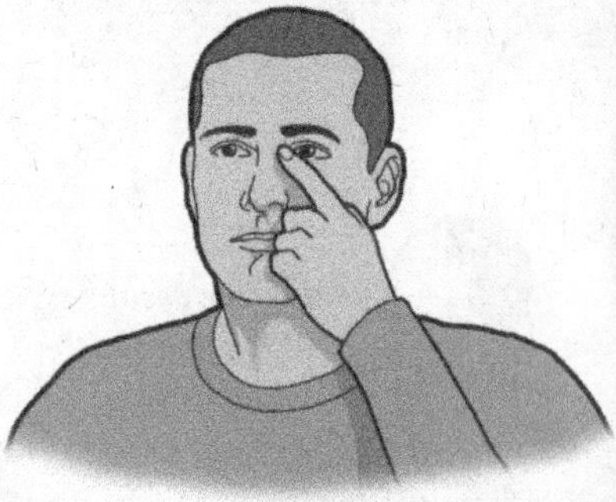

Otro gesto típico de enfado leve, cuando no quieres ver al otro, es rascarse el ojo.

«No es mi problema, no quiero verte.»

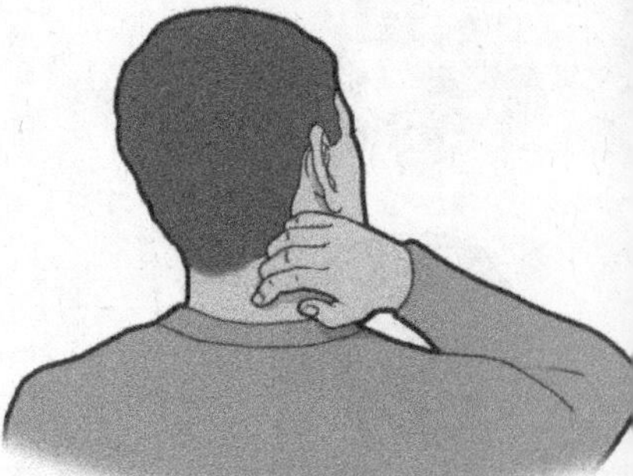

Y a medida que crece el enfado, vas a sentir picor en la base del cuello, y te rascarás con la mano entera o con el índice. Puede incluso que te agarres el pelo con el puño, mala señal, o que te agarres la nariz.

«Te estás pasando de la raya.»

En cambio, si estás relajado y preparado para buscar una solución, lo más seguro es que hagas esto: mano abierta y relajada, mirada hacia arriba, te rascas hacia fuera.

«Voy a centrarme para encontrar soluciones.»

Otra señal muy típica de apertura y de interés sería rascarse la cara interna de los brazos, y también rascarse las manos abiertas, con las palmas hacia arriba: estás receptivo y dispuesto a abrazar al otro, o a tener en cuenta sus ideas.

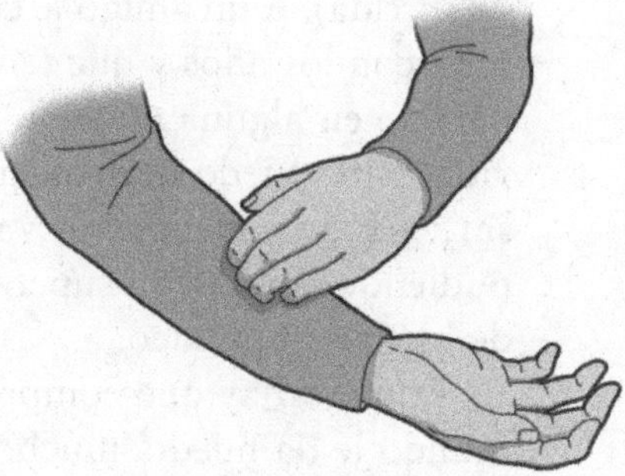

Aprender a leer las señales del lenguaje no verbal abre un mundo de posibilidades comunicativas que nos ayudan a comprender mejor a los demás y a expresarnos con más contundencia. Vamos a ver ahora maneras de expresarnos que nos permitan llamar la atención de los demás para capturar su interés y poder transmitir nuestro mensaje de forma eficaz.

Hablar en público

La próxima vez que juguéis con la cinturilla elástica de vuestra ropa interior pensad en el hombre que lo ha hecho posible: Wallace Carothers, el inventor del *nylon* y de muchos otros materiales sintéticos, un hombre tan pragmático que para contrarrestar su terror a hablar en público llevaba siempre con él una capsulita de cianuro. Y es que Carothers odiaba hablar en público, pero tenía que hacerlo para conseguir fondos para sus investigaciones (consiguió más de cincuenta patentes a lo largo de su vida). A un amigo le confesó que su miedo empeoraba con los años y que tenía que beber para lograr superarlo en alguna medida. No os contaré el final de su vida, pero puedo deciros que pasó lo que tenía que pasar.... Francamente, no vale la pena pasarlo tan mal pudiendo aprender a superar nuestros temores a la hora de hablar en público.

Primero hay que comprender por qué a casi todo el mundo le da miedo, mucho miedo hablar en público, a pesar de lo importante que es poder expresarte eficazmente ante el resto del mundo. Como dice el cómico y guionista Jerry Seinfeld, para la mayoría «el temor a hablar en público es superior al de la muerte. Vamos, que en un funeral preferimos estar en la caja que fuera dando el discurso».

- ¿Por qué nos da tanto miedo hablar en público?

El psicólogo Matthias Wieser y sus colegas han intentado comprender por qué hablar en público nos aterra a la mayoría. Una de las razones que han encontrado es que cuando somos el centro de atención estamos muy alerta y el cerebro se vuelve particularmente rápido para reconocer determinados tipos de caras en la audiencia, sobre todo aquellas que podrían desvelar pensamientos poco amables hacia nosotros. Nuestra amígdala, la parte emocional del cerebro, está muy alerta ante los posibles peligros y nos impulsa a fijarnos especialmente en las caras enfadadas o tristes. Este mecanismo nos ayudaba antaño a alejarnos de situaciones y comentarios que nos ponían en peligro, y hoy en día seguimos preparados para desconfiar de los grupos que nos observan, por lo que el mecanismo del miedo se desata simplemente pensando en la necesidad de hablar de público.

- ¿Es normal sentir ansiedad antes de hablar en público?

La ansiedad es normal: en la vida diaria funcionamos en gran parte con un cerebro inconsciente, muy emocional, que nos quiere proteger. Y este cerebro, si se siente amenazado, no va a atender a razones racionales. No sirve que nos repitamos: «No hay peligro, a toda esa masa de gente que no conozco le va a gustar mi discurso». Lo que nos dice el cerebro programado para sobrevivir, el mismo que tenía el hombre primitivo cuando se enfrentaba al león en la selva, es esto: «Estás a punto a enfrentarte a una manada posiblemente salvaje que podría reaccionar de cualquier forma: tirando tomates, enfadándose, silbando, humillándote... ¡Es imposible de prever!». Y nada nos pone más nerviosos que la incertidumbre de no saber qué podría pasarnos al segundo siguiente. Así que si tienes la boca seca antes de hablar en público, si te tiembla la voz, si te sudan las manos y el corazón late deprisa... eres normal. La adrenalina hace que sientas calor porque sube tu presión, tal vez te tiemblen los dedos y se tensan tus músculos.

En resumen: cuando hablamos en público, nuestro

cerebro busca activamente las caras más antipáticas y los gestos más adustos de la audiencia, e interpreta como amenazante incluso una mirada ausente, un gesto de cansancio o un bostezo. Tal vez por ello, cuando tengo que dar una conferencia me desconcentra tener una cara inexpresiva en la primera fila y busco instintivamente alguna persona empática que asienta con la cabeza y sonría mientras doy la charla. Si me desconcentro o me siento insegura, recurro a esa persona como a un talismán para recobrar la confianza. Si impides que tu ansiedad se transforme en miedo paralizante, las reacciones fisiológicas que delatan miedo también te darán energía y poder de convicción. No te desanimes porque todos, con práctica, podemos aprender a hablar en público. Es sólo un aprendizaje que requiere ejercicio.

- ¿Qué podemos hacer para enfrentarnos a hablar en público con más tranquilidad?

Vamos a ayudar al cerebro inconsciente a calmarse. Para ello no vale decirle lo que no se cree: «No hay peligro, no ves que toda esta gente es toda ella buena gente y está encantada de escucharme hablar...», sino que hay que darle pruebas concretas de que controlas la situación en la medida de lo razonable. Sólo así se calmará.

– *Da la charla repetidas veces en tu cabeza.* Antes de impartir la conferencia o de hablar en público, imagina en tu cabeza que das la charla; también puedes hablar frente a un espejo. Hazlo tantas veces como haga falta hasta que superes el nerviosismo y puedas dar la charla con tranquilidad. Recrea en tu cabeza la sensación de estar rodeado de personas en el escenario. Algunos investigadores han sugerido terapias con realidad virtual que incluyen auditorios llenos de avatares que te silban y te maldicen mientras tú hablas.

- *Bebe un trago de agua antes de salir al escenario.* El mensaje que le estás dando al cerebro límbico (emocional) es: «Si no estoy huyendo, sino que bebo, no hay peligro de muerte y puedo relajarme un poco». Y el cerebro asiente: «Si estuviese en peligro de muerte, este tipo no bebería, no sería tan tonto».
- *Respira hondo.* El miedo afecta a todos tus procesos fisiológicos, por ejemplo, el digestivo, el urinario y el respiratorio. Vamos por tanto a enviar otra señal de tranquilidad al cerebro emocional: restablece una respiración profunda, desde el abdomen. Éste le dice al cerebro que el peligro es menor del temido. Además, si respiras bien tu voz se proyectará con más fuerza y sin temblores.
- *Evita estar detrás de una mesa.* Intenta crear una corriente de comunicación abierta con el público, porque eso os dará confianza a ambas partes. Así que no te sientes detrás de una mesa porque trasmitirás desinterés o miedo, es preferible estar de pie, relajadamente.
- *Mantén contacto visual con tu público.* Para ello puedes utilizar la técnica de los tres segundos: mira directamente a los ojos a una persona del público durante ese intervalo de tiempo, y de vez en cuando mira a la audiencia entera antes de volver a fijar tu mirada tres segundos en otra persona. Así utilizarás el contacto visual para que tu audiencia se sienta involucrada. Hazlo con naturalidad y con transparencia.

– *«Toda la audiencia está desnuda.»* Éste es un viejo truco que a mí no me funciona pero que es popular entre algunas personas: imagina que toda la audiencia está desnuda. Eso os pondrá a todos en situación de igualdad y te relajará. Sin embargo, no recomiendo este truco si padeces un desorden sexual llamado laliofilia, que hace que te excites sexualmente cuando hablas en público...

No pretendas aparentar lo que no eres y trabaja tus sentimientos desde dentro, con autenticidad. Si te pueden la inseguridad y la ansiedad, tu cara, tu mandíbula y tus expresiones serán rígidas y te delatarán. Dice la escritora Lise Heyboer que cuando convivimos con nuestras emociones con naturalidad, nos olvidamos de lo demás e irradiamos relajación y ligereza: «Es comprensible que sintamos miedo y ansiedad pero estas emociones sabotean lo que queremos transmitir a los demás. Cuando la gente habla de cómo se siente con sus seres más queridos, alude a sus sentimientos de comodidad y seguridad. Si estás cómodo y relajado, la otra persona se sentirá cómoda también». ¿Crees que no puedes influir sobre la impresión que causas en los demás? Sí puedes. Veamos qué elementos componen esta primera impresión y cómo podemos mejorarlos.

¿Cuánto se tarda en causar una primera impresión?: quince segundos

De forma inconsciente, todos los humanos tienden a formarse una primera impresión cuando conocen a alguien. Esta primera impresión es un mecanismo automatizado del cerebro, que es capaz de procesar deprisa mucha información de forma inconsciente —el entorno, las circunstancias, los gestos, la apariencia, incluyendo multitud de detalles que pasan desapercibidos— de otra persona. Nuestros sentidos recogen esta información y el cerebro la analiza, y luego la compara con experiencias pasadas almacenadas en la corteza cerebral (la parte «racional» del cerebro) y en el sistema límbico (la parte «emocional»). Así se forma la primera impresión que recibimos o causamos en los demás.

- ¿Por qué son importantes las primeras impresiones?

La perspectiva evolutiva nos indica que las primeras impresiones son importantes por motivos de seguridad, ya que el cerebro necesita decidir en el menor tiempo posible —esto es, de forma intuitiva e inconsciente— si quien tiene delante es seguro o no, y a qué «tribu» pertenece. En general, el cerebro tiende a preferir lo familiar, porque no le asusta y sabe cómo clasificarlo. En cambio, la incertidumbre le desconcierta y pone en guardia.

- ¿La belleza es determinante para esta primera impresión?

La belleza física y la juventud resultan atractivas, y sin duda favorecen a quienes las poseen, pero las primeras impresiones positivas no dependen de estos elementos: las claves determinantes para causar buena impresión son mostrar interés por el otro e inspirarle confianza.

- ¿Siempre acertamos con la primera impresión?

Una primera impresión se forma en base a mecanismos inconscientes, por lo que a veces nos equivocamos al juzgar, en especial si hemos acumulado prejuicios inconscientes, como puede ocurrir cuando juzgamos en base al género, a la raza, a la cultura... Por ello hay que ser capaces de filtrar una primera impresión y no caer en la trampa de creer que todo lo intuitivo y automático es fiable.

Sin embargo, si no tenemos prejuicios las primeras impresiones suelen ser bastante fiables. En el estudio «Half a Minute: Predicting Teaching Evaluations from Thin Slices of Behavior and Physical Attractiveness» de Nalini Ambady y Robert Rosenthal, en el *Journal of Personality and Social Psychology*, se muestra como un grupo de mujeres que miran breves segmentos de un video sin sonido son capaces de emitir una primera impresión certera sobre múltiples facetas de la personalidad de un profesor dando una clase, incluyendo su competencia, confianza, honradez, optimismo... más de una docena de aspectos de la persona observada. ¡Las primeras impresiones pueden ser muy certeras!

- Anatomía de una primera impresión.

Tardamos una media de quince segundos en hacernos una primera impresión de alguien. «Una imagen vale más que mil palabras»: mi imagen le llega al otro en unos tres segundos. El 55 por ciento de la primera impresión se basa sobre la apariencia; el 7 por ciento sobre las palabras que usamos durante una conversación; y el 38 por ciento sobre el tono de nuestra voz. Así pues, la apariencia y la actitud son más importantes de cara a una primera impresión que lo que decimos. Durante una conversación telefónica, sólo el 30 por ciento de la primera impresión depende de nuestras palabras (el 70 por ciento restante depende del tono de voz). Por eso deberíamos aprender oratoria en los colegios, ya que las habilidades de comunicación son claves: a veces, *cómo* decimos las cosas es más importante que lo que decimos (se puede decir algo difícil con buenos modales).

- ¿Hay cosas que debo evitar porque no ayudan a dar buena impresión?

  Desde luego, por ejemplo sugiero que evites éstas:
  – Los gestos que muestran autoprotección: frotarse las manos, abrazarse, evitar la mirada o humedecerse los labios dan impresión de debilidad.
  – No levantes las cejas (pones en duda lo que el otro dice, muestras desconfianza).
  – No levantes las palmas de las manos hacia fuera (es un gesto de rechazo hacia el otro).

- Por favor, ¡dame estrategias para causar una buena primera impresión!

Una primera impresión es muy difícil de deshacer, así que vamos a compartir estrategias para causar una buena primera impresión. Como principio general recuerda que las personas necesitan pertenecer, sentirse aceptadas. Por ello, si quieres crear una buena impresión, céntrate en la persona a la que hablas y haz que se sienta especial:

– Preséntate con naturalidad y mira al otro a los ojos cuando le hablas.
– Di su nombre (y acuérdate de él: «Hola, Juan». No metas la pata en medio de la conversación olvidando su nombre).
– Si hay cierta confianza, tócale en el hombro o el antebrazo; es un gesto típico de los primates que sugiere protección y cierta dominancia, pero no dominio agresivo.
– Si quieres pertenecer a un grupo específico, adopta su forma de vestirse.

Hay un gesto que resulta tremendamente atractivo para conectar con los demás: los científicos lo llaman sonrisa «cálida o verdadera» o «sonrisa de Duchenne».* Hay estudios que han comprobado que las personas que sonríen así tienen generalmente vidas afectivas y profesionales más felices. ¿Qué distingue una sonrisa cálida o verdadera de una sonrisa más forzada o mecánica?** La sonrisa de Duchenne involucra los músculos de los ojos. Las personas que sonríen así lo hacen con toda la cara y resultan tremendamente atractivas.

En 1960, los psicólogos Dacher Keltner y Lee Anne Harker, de la Universidad de California, estudiaron ciento cuarenta y una fotografías de alumnos de fin de curso de una escuela. Los psicólogos analizaron que en torno a la mitad de los alumnos sonreían con sonrisa de Duchenne (la otra mitad sonreía mecánicamente). Se pusieron en contacto con los alumnos cuando estos cumplieron veintisiete, cuarenta y tres y cincuenta y dos años, y les preguntaron acerca de su matrimonio y su satisfacción con la vida. El estudio mostró que las mujeres con sonrisa de Duchenne tenían más probabilidades de seguir casadas y de experimentar un mayor bienestar personal, y estos resultados fueron consistentes durante un seguimiento de treinta años. Comprobaron si estos resultados tenían algo que ver con la apariencia física de las mujeres, pero encontraron que la satisfacción marital

* La sonrisa de Duchenne se llama así por el nombre del médico francés Guillaume Duchenne, que pasaba corrientes eléctricas a través de algunos sujetos de experimentos y tomaba fotos de sus caras retorcidas por el dolor.

** Tuve la suerte de tener como invitado en *El Hormiguero* a Miguel Bosé, que estuvo ensayando las sonrisas más irresistibles del mundo... ¡A mí por lo menos me convencieron!

o vital no tenía relación con el atractivo físico. El hábito de sonreír genuinamente podría contribuir a una mayor felicidad y a un mejor ajuste vital.

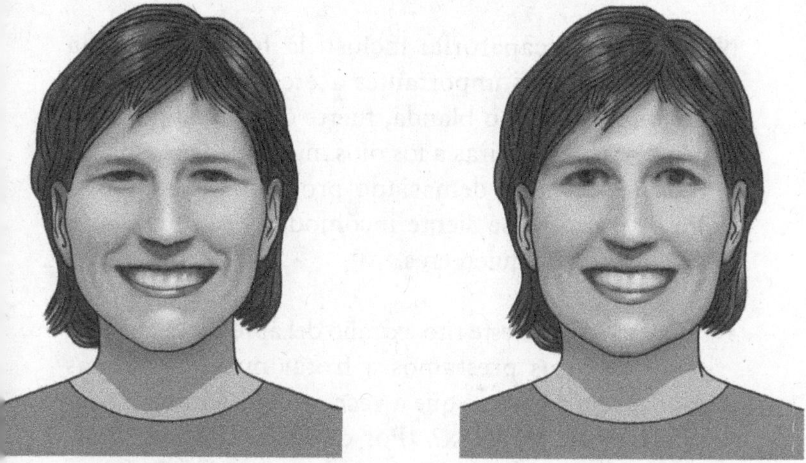

Compara una sonrisa auténtica con las sonrisas forzadas de, por ejemplo, algunos profesionales que atienden al público y sonríen mecánicamente, como las azafatas.

Tendemos a confiar automáticamente en las personas que sonríen con sonrisa de Duchenne, porque la sensación que transmiten es de ser auténticos y tener emociones transparentes. Es difícil fingir una sonrisa verdadera, pero un truco si estás nervioso y necesitas ayuda es pensar en algo que te mueve de verdad y sonreír pensando en eso. Resulta mucho más atractivo para tu interlocutor. Lo bueno es llegar a sentir esa calidez, esa alegría de vivir que viene de dentro y sale por los ojos, de forma natural y habitual... Estos pequeños trucos nos ayudan a recordar la importancia de lograr sentirnos bien por dentro, para poder mostrarlo y compartirlo con los demás.

Ruta 12. Señales de humo para llamar la atención del resto del mundo

Lo que un apretón de manos revela de ti

No tenemos escapatoria: incluso la forma de dar la mano revela cosas importantes acerca de ti. Si ofreces una mano delicada o blanda, fuerte o tensa, si miras fijamente los pies o miras a los ojos mientras das la mano, si retiras esa mano demasiado pronto o si te agarras hasta que el otro se siente incómodo... todo eso dice mucho acerca de quién eres.

- ¿Cómo empezó este rito extraño del apretón de manos?

¿Por qué nos prestamos a frotar nuestras palmas desnudas con personas que a veces no quisiéramos tocar ni con guantes de látex? ¿Por qué hacemos este baile extraño, intentando sincronizar las manos con perfectos desconocidos?

Pues resulta que es un rito bastante corriente en muchos lugares del mundo y entre muchos seres, empezando por los chimpancés: los más dominantes a veces extienden una mano abierta a sus subordinados como gesto para calmarles. En los grupos humanos, en cambio, suele ser el subordinado el que inicia el apretón de manos, sobre todo para dirigirse a las personas dominantes a las que quieren impresionar.

- Saludarse te hace más vulnerable al otro.

En Europa la costumbre dicta que los hombres deberían sacarse los guantes para saludarse. Esto podría remontarse a la Edad Media, cuando los guantes eran de acero y protegían a los combatientes. Hay muchas tradiciones que muestran esta tendencia a hacerte vulnerable cuando saludas, por ejemplo saludarse con la punta del pene, una costumbre de algunas tribus de Nueva Guinea.

Algunas formas de saludo pueden ser más agresivas, como por ejemplo la de unas tribus esquimales que exigen al extraño que se acerca a un miembro del grupo al que quiere unirse mostrar la mejilla para recibir un bofetón. Entonces el miembro del grupo le presenta al extraño su mejilla y recibe otro bofetón, y así por turnos, cada vez más fuerte, hasta que uno de ellos se cae al suelo. Es un duelo de bofetones que sirve para que el extraño pruebe que es digno de ser admitido en el grupo. Cuando lo consigue, puede incluso casarse.

• ¿Cuál es la regla de oro del buen apretón de manos?

Es un poco como la cama de Ricitos de Oro: ni demasiado blando, ni demasiado duro, justo en su punto. Vamos a ver algunos trucos para dar bien la mano, aunque hay que avisar de que puede resultar difícil cambiar tu forma de dar la mano, porque tu apretón de manos se parece a ti: puede ser seguro de sí mismo o tímido, cálido o frío. Algunos estudios recientes han encontrado una relación significativa entre la forma de dar la mano y la personalidad: un estudio de la Universidad de Alabama (Estados Unidos) concluyó que los hombres que dan la mano con más fuerza —se calcula el vigor con el que agarran la mano del otro, el tiempo que emplean y si te miran a los ojos— también eran más extrovertidos, más abiertos a nuevas experiencias y menos neuróticos. Las mujeres que tenían resultados altos en estas dimensiones (vigor, duración y mirar a los ojos) eran más abiertas y curiosas. También resultaban más simpáticas a los demás que las mujeres que daban la mano de forma menos vigorosa.

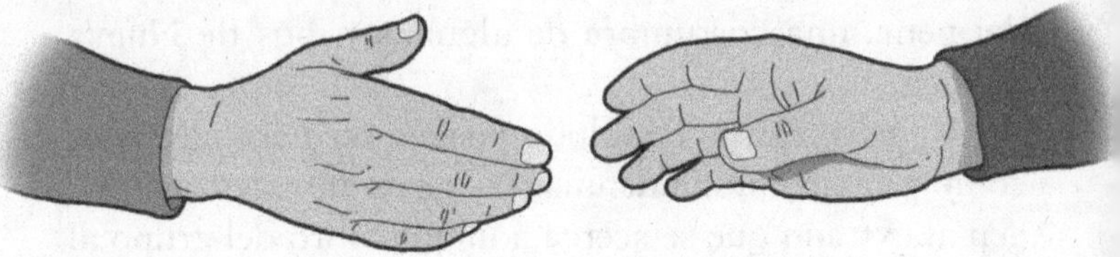

Vamos a empezar con la peor forma de dar la mano, que es con la palma hacia abajo. La arremetida con la mano hacia abajo es una reminiscencia del saludo nazi. Cuando alguien te da la mano con la palma hacia abajo sugiere que es una persona autoritaria y dominante; el que te da la mano así parece que te está diciendo: «Te puedo dominar y harás lo que yo quiera». Cuidado con ellos.

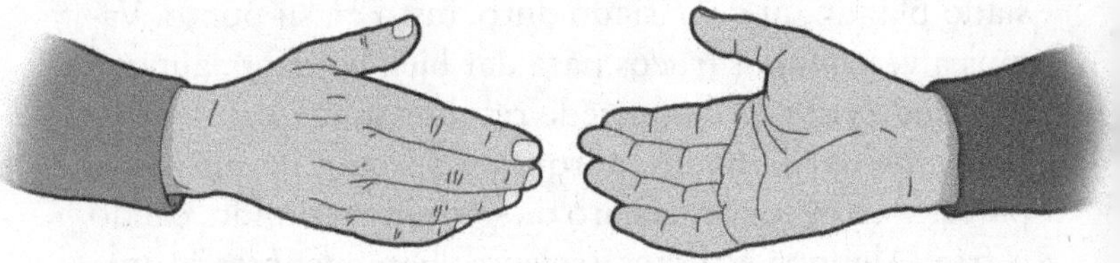

El saludo contrario sería dar la mano con la palma hacia arriba: atento, porque si das la mano con la palma hacia arriba le das el control al otro. Esto viene bien, por ejemplo, cuando queremos pedir disculpas.

¿Qué importancia tiene el dedo pulgar cuando se da la mano? Cuando se da la mano, el que pone el pulgar en la parte más alta es el que está tomando el control. Este matiz preocupa mucho a los políticos cuando se hacen fotos con otros mandatarios. Dos personas que ponen los pulgares en la misma posición están comunicando igualdad.

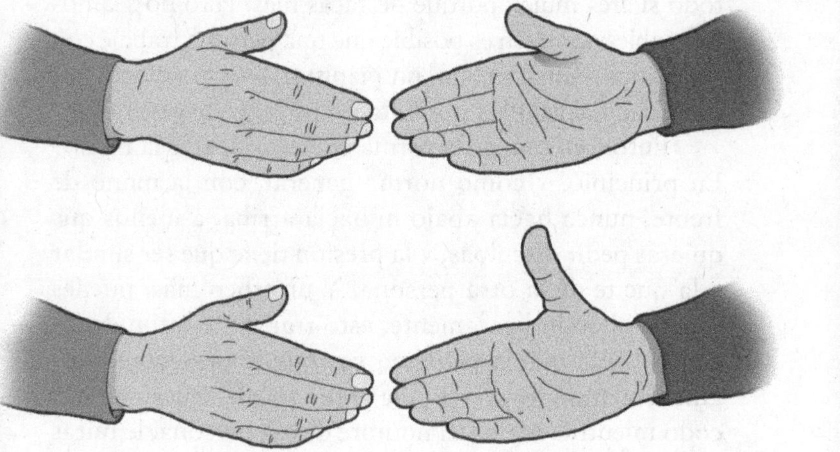

Y ahora vamos con la presión. Comencemos por el bruto que parece que te rompe la mano: «El rompemanos» busca demostrar que es fuerte y autoritario, y en los negocios intenta desmoralizar a su oponente nada más saludarlo. La forma de quitar el control a estos señores es decírselo claramente: «Madre mía, me has apretado con mucha fuerza».

Es curioso que algunos políticos, miembros de la realeza y del mundo del espectáculo, cuando tienen que darle la mano a mucha gente usan unas férulas de seguridad —un artefacto que protege la mano— por si se encuentran con algún «rompemanos».

Nos queda el apretón flojo con las manos frías y húmedas, que parece que en vez de la mano te está dando una sepia. Este apretón se suele percibir como que la persona que te da la mano así tiene poco interés por ti o por la reunión. De hecho, hay un estudio del año 2008 que dice que un apretón de manos firme en una entrevista de trabajo te da mejores posibilidades de conseguir ese puesto sobre todo si eres mujer, porque destacas más. Pero no seamos inflexibles: también es posible que una persona trabaje con las manos —un cirujano, un pianista…— y no quiera hacerse daño al saludar, por lo tanto no hay que generalizar.

¿Entonces cuál es la forma correcta de dar la mano? En principio, y como norma general, con la mano de frente, nunca hacia abajo ni hacia arriba, a menos que quieras pedir disculpas, y la presión tiene que ser similar a la que te dé la otra persona. Y un truco más: puedes tocarle el codo ligeramente, esto transmite intimidad y control. Así que la próxima vez que te presenten a alguien, cuando le estreches la mano tócale ligeramente el codo mientras repites el nombre de esa persona, le miras a los ojos, sonríes y observas su reacción.

Si además de saludar tienes que convencer en una entrevista de trabajo, recuerda estas sugerencias:

- Caer bien es más importante que tus logros académicos o tu experiencia laboral, y para ello es importante mostrar interés y practicar el lenguaje no verbal que estamos descifrando en estas páginas.
- Si tienes debilidades, no esperes para hablar de ellas. Serás más creíble si las cuentas hacia el principio de la entrevista. El otro lo percibe como una señal de apertura, de transparencia.
- Si tienes fortalezas, sé modesto. Y no cuentes algo importante hasta bien avanzada la entrevista, incluso hacia el final.
- Si cometes lo que te parece un error tremendo, no reacciones demasiado fuerte: no te lleves las manos a la cabeza, no rompas a llorar, no te sonrojes.
- Mejorarás tus posibilidades si te sientas en medio de la mesa.
- La gente te considerará más inteligente simplemente si hablas de forma más sencilla y si mejoras tu letra.

Vamos a concluir esta sección sobre lenguaje corporal con unas ideas que nos ayudarán a convencer a los demás en poco tiempo.

Sí, sí, sí: cómo conseguir convencer a los demás en cuarenta y siete segundos

Hace más de setenta años, Dale Carnegie publicó un libro que se convirtió en un clásico titulado *Cómo ganar amigos e influir sobre las personas*. En él explicaba una serie de técnicas para convencer a la gente de que estén de acuerdo contigo. Y más de setenta años después, gracias a las investigaciones del psicólogo británico Richard Wiseman, hemos comprobado que Dale Carnegie tenía razón.

He ahí unos trucos rápidos para convencer a los demás de lo que sea en pocos segundos: hay dos caminos básicos para que la gente decida hacer cualquier cosa.

- Empieza por el más fácil

Sin duda es convencer a alguien de que haga lo que hacen todos los demás. Aunque no nos demos cuenta de ello, en general deseamos y hacemos lo que hace la mayoría. Es lo que se llama «la prueba social»: nos fiamos más, y por tanto nos atraen las personas y las cosas que gustan a los demás. Por ejemplo, a la gente le gusta mirar los *twitters* con más seguidores. Nos gusta comprar y poseer lo que los demás tienen. Nos imitamos mucho. En pocas palabras: basta con que digas que algo es muy popular para que aumente el interés de los demás por aquello. Es lo que el dicho popular refleja como: «¿Adónde va Vicente? Donde va la gente».

Podemos verlo en esta historia real:* en enero de 2007, un hombre se puso a tocar el violín en una estación de metro muy concurrida de Washington. Nadie parecía fijarse en él, la gente corría para llegar al trabajo, compraban periódicos en el quiosco y algunos incluso hacían cola para adquirir entradas para un concierto. El propio violinista echó alguna moneda en su funda de violín para ver si animaba a la gente a darle propina. Tocó durante cuarenta y cinco minutos pero nadie se detenía. Y de repente se paró una señora y le dijo: «Yo le vi tocar en el

* El vídeo aparece en YouTube al buscar por «*Stop and Hear the music*».

Congreso la semana pasada. Estas cosas sólo pasan en Washington». Efectivamente, era Joshua Bell, uno de los mejores violinistas del mundo, y estaba tocando un violín Stradivarius de trescientos años de antigüedad que cuesta tres millones y medio de dólares. ¡Verle tocar en directo costaría al menos cien dólares! Esa tarde, Joshua Bell estaba en el metro para llevar a cabo un experimento para el *Washington Post* cuyo objetivo era comprobar si la gente era capaz de reconocer por sí sola la belleza y el valor de las cosas en un lugar inesperado, un lugar corriente. Pasaron mil cien personas: sólo veintisiete le dieron dinero y apenas siete se pararon a escuchar. Nuestro violinista consiguió treinta y dos dólares al final de su concierto.

Pero ¿cómo puede ser? Es que somos seres muy sociales, vivimos en grupos y preferimos hacer lo que hace la mayoría. Y a veces nos perdemos experiencias muy especiales por ello.

- Pongamos ahora que tengo que convencer a alguien de algo que no todos quieren. ¿Qué hago?

Pues el segundo camino para lograr convencer a alguien de hacer o comprar o querer algo es que confíe en ti. Tienes que ganarte su confianza. Lo puedes hacer de la forma tradicional, que es dedicarle tiempo e interés a esa persona, pero si necesitas un atajo…

- Lo necesito, porque hemos quedado en que sólo tengo cuarenta y siete segundos para convencer.

Pues para estos casos ahí va un truco muy eficaz. La gente confía en las personas que le caen bien, ¿verdad? Pues resulta que nos suele caer bien la gente que se parece a nosotros, así que tienes que ser capaz de convencer a alguien de que te pareces a él. Pero la realidad es que NO le conoces bien, y que tienes muy poco tiempo... No te preocupes, es más fácil de lo que parece. Relájate y céntrate en la otra persona. Mírala y escúchala. Para convencer a alguien de que te pareces a él o a ella, observa cómo gesticula, donde «coloca» las cosas de las que habla en el espacio. Y ahora, habla tú de ese mismo objeto y repite exactamente el mismo gesto que hacían él o ella. Por ejemplo, si él ha dicho: «Yo cuando voy en moto me pongo casco», y cierra los puños y los hace oscilar como si estuviese conduciendo una moto, y se toca la cabeza al hablar del casco, entonces tú dices: «Pues el otro día estaba aparcando la moto y me robaron el casco», y repites los mismos gestos. Y así, la persona a la que quieres convencer creerá que compartes su mundo imaginario, que te pareces a ella y se fiará mucho más de ti.

- Vale, la otra persona ya me tiene confianza, ¿puedo pedirle ahora lo que quiera?

No, espera un poco. Si puedes hacer esto de la técnica de los gestos mientras comes con esa persona, o mientras ella bebe una bebida con cafeína, te va a ayudar. O sea, que como dice Richard Wiseman, no existen las comidas gratis ni los cafés inocentes. Y si estáis sentados alrededor de una mesa, utiliza el «efecto centro del escenario», que se traduce en que si te pones en el centro, probablemente vas a influir más. Pero sólo tenemos cuarenta y siete segundos para convencer, así que tienes que poner todo de tu parte. Céntrate bien en lo que quieres conseguir.

- ¡Soy todo oídos!

Vamos a rematar la jugada con la célebre técnica del «Sí, Sí, Sí» que hemos mencionado al principio de este apartado. Atentos. Hemos hablado de un famoso libro,

Cómo ganar amigos e influir sobre las personas, de Dale Carnegie. Éste decía que si consigues que alguien responda afirmativamente a una serie de preguntas será más fácil que esté de acuerdo contigo en el futuro. Pues resulta que los psicólogos lo han corroborado a lo largo de los años. Si quieres convencer a alguien de algo, intenta empezar la conversación con esta persona con al menos dos preguntas a las que la otra persona responda casi seguro de forma positiva. Por ejemplo, «¿qué tal estás?» (bien, gracias), y «¿quieres sentarte?» (sí), y «¿estás cómodo en esta silla?» (sí). Con preguntas sencillas que favorezcan respuestas afirmativas, conseguirás predisponer al otro a escucharte con una mente más abierta, y por tanto más propicia a seguirte la corriente.

¡Ya estás equipado para salir a comerte el mundo! Ahora podemos centrarnos a reflexionar acerca de los elementos, las personas, las ideas y las causas de las que quieres rodearte, para que pongas tus miras y tus habilidades al servicio de lo que realmente te ayuda a ser feliz.

CAPÍTULO CINCO

LA BALANZA DE LA FELICIDAD

Apuestas por el bienestar emocional y físico

¿Habéis visto la película en la que Meryl Streep interpreta a la política británica Margaret Thatcher? Me dejó consternada. «¿Quién era?», me preguntó mi hija cuando se lo comentaba al día siguiente. La verdad es que la película no ofrece claves lo bastante inteligentes o sugerentes como para poder llegar a una conclusión clara en este sentido. Dibuja sin embargo el retrato de una mujer que, a través de las ventanas que se abren en medio de su demencia senil, recuerda retazos de una vida pragmática hasta la saciedad y aferrada al deber por encima de cualquier otra consideración. Y de ahí mi desazón: no se trata de un deber compasivo donde caben el matiz o la risa, sino de un deber inflexible y carnívoro que se come entera a la protagonista. Admito que el destino nos jugó una mala pasada cuando nos dotó de un cerebro programado hace miles de años para sobrevivir en condiciones muy adversas. Hoy en día no nos enfrentamos a leones ni hienas en las calles de nuestra ciudad, pero seguimos reaccionando ante una mirada esquiva o un bocinazo estridente con la misma desconfianza que necesitábamos entonces para sobrevivir en la selva. Tanto, que terminamos creyendo que el disfrute está reñido con el deber y con la supervivencia. ¡Cuidado! Hay que contrarrestar esta jugarreta. ¿Qué tal un sistema electrónico incorporado de serie que reinicie nuestro cerebro cuando nos volvemos incapaces de disfrutar y de hacer disfrutar?

De acuerdo, vivir no es fácil. La alegría aparece casi siempre en forma de destellos, corazonadas e intuiciones que arrancamos trabajosamente, casi de milagro, a la vida pétrea donde nos ha tocado encarnarnos. En estas condiciones trabajosas es fácil olvidarse de disfrutar, cegados por una vida esforzada, amueblada de quehaceres diarios, una vida que cumple, aguanta y limita tanto que al fin deja incluso de emocionarse. ¿Es eso vida o es una parodia? Los niños nacen con enormes ganas de descubrir y de disfrutar, pero cuando miras a tu alrededor compruebas que en el altar del deber, adusto y antipático, se consumen tantas vidas adultas valiosas. Muchas personas, a lo largo de los siglos, se han preguntado qué es una buena vida. Como tantas otras, esta mañana le hice esa pregunta a mi hija mientras desayunábamos. «¿Qué crees que es una buena vida para tu padre?», le pregunté. «¿Y para tu abuela Ana? ¿Y para tu tío Jaime? ¿Y para mí?». Se sorprendió ella misma al comprobar que para cada persona, una buena vida significa algo diferente. ¿Tienen todas ellas algo en común? Me acordé de las palabras de la psicoterapeuta coreana Insoo Kim Berg, fundadora de una escuela de psicología llamada «terapia breve», cuando decía que para ella la buena vida era contribuir a que la existencia de los demás fuese un poquito mejor. Podría ser tan sólo un testimonio entre tantos otros, pero los estudios le dan la razón: detectan, efectivamente, que para las personas es más satisfactorio dar a los demás que recibir. Aunque nos empeñemos en pretender que el hedonismo y el egoísmo son tendencias naturales que nos otorgan las mejores gratificaciones, la vida es paradójica y no nos deja ser realmente felices hasta que aprendemos a alimentar la necesidad innata de colaborar y de compartir con los demás.

Concedido pues: una buena vida probablemente tenga algo que ver con apartarse del egoísmo feroz. Pero ¿se puede vivir generosamente desde la alegría, o se consigue sólo desde el sacrificio adusto? Estoy convencida de que ése es uno de nuestros grandes retos: allanar espacios para el disfrute y para la esperanza siempre que sea posible, abriendo deliberadamente resquicios de luz en el granito que nos toca cincelar día a día con esfuerzo y paciencia. No creo que los dioses, cuando soñaban con este mundo, cuando lo esbozaron, incluso cuando lo abandonaron en nuestras manos imperfectas, quisieran vernos arrastrar un deber antipático y yermo que da la espalda, con tanta y tan cruel contundencia, al bienestar, al sentido del humor, a la compasión y a la felicidad. El primer deber es vivir, y la vida, sin duda, es mucho más que un triste deber.

Las rutas que vamos a transitar ahora son las más atractivas de nuestra geografía humana, las más deseadas, porque en sus márgenes crecen paisajes inolvidables que nos embelesan, aunque a veces se alejan en el horizonte como espejismos sin que podamos alcanzarlos. En cualquier caso son rutas largas, que se bifurcan a menudo, y por ello hay que salir bien equipado y sin prisas. ¿Cómo elegimos los mejores tramos de estas rutas? ¿Y dónde encontraremos reposo tras la caminata?

Ruta 13. La felicidad por dentro

La balanza de la felicidad

Hablamos mucho de la felicidad,* pero en general apenas somos capaces de definirla y tampoco solemos tener

* La felicidad es la palabra coloquial que utilizamos para definir cómo evaluamos, de forma subjetiva, nuestra propia sensación de bienestar.

claro qué elementos la conforman. Sin embargo, necesitamos comprender qué cosas nos suelen haçen felices para poder fomentar aquellas que de verdad nos sirven.

De entrada sabemos que determinados comportamientos y elementos ayudan a conseguir mayores cuotas de felicidad o de infelicidad, porque los psicólogos nos han facilitado en los últimos años muchas claves concretas acerca de qué nos hace más felices o infelices.

- No estoy seguro de si la gente es más bien feliz o más bien infeliz...

Los investigadores apuntan que una mayoría de personas se describen entre poco y bastante felices, y eso implica que la mayoría podría incrementar sus niveles de bienestar con el esfuerzo adecuado, aunque también sabemos que tendemos a dejarnos llevar por una programación innata que nos orienta más fácilmente hacia la infelicidad que hacia la felicidad.

- ¿De qué depende mi felicidad?

Es importante recordar que casi la mitad de nuestra felicidad depende de nuestra actitud. La felicidad requiere un esfuerzo que no siempre estamos dispuestos a hacer, pero cuando lo hacemos, la recompensa —a la que va ligada un incremento en los niveles de felicidad individuales y colectivos— es llamativa. De hecho, según las investigaciones clásicas sobre la felicidad, las personas optimistas y agradecidas son más felices, y no sólo se sienten mejor en lo emocional sino también en lo físico: tienen menos accidentes cardiovasculares y sistemas inmunológicos más resistentes; superan mejor la adversidad; trabajan de forma más eficaz; resuelven con mayor competencia los conflictos y ganan más dinero. En definitiva, cuando logramos que los demás sean más felices incrementamos nuestras propias posibilidades de serlo también.

Tras décadas de investigaciones, parece correcto concluir que los elementos que más contribuyen a la felicidad siguen siendo los que llevan siglos en boca de los sabios: la gratitud, el perdón, la compasión, saber disfrutar de las cosas pequeñas que nos acompañan a diario y tener una red de afectos no necesariamente amplia pero sí sólida. Es lógico que antaño se supiese de forma intuitiva lo que las investigaciones actuales miden de forma más concreta, porque el ser humano sigue siendo el mismo desde hace miles de años. Varía el entorno, varían las costumbres y las expectativas pero seguimos dependiendo de qué lado de la balanza se sitúa nuestro cerebro empático y nuestros miedos cuando se debate a diario entre la necesidad de sobrevivir y el deseo de colaborar y de amar.

Veremos a lo largo de este capítulo cómo podemos familiarizarnos y poner en práctica los elementos y los comportamientos que contribuyen a nuestra felicidad personal y colectiva.

• ¿De verdad podemos influir en nuestra felicidad diaria? ¿No somos presos de elementos más o menos estables como el dinero o la salud?

Esos elementos —salud, educación, estado civil...— son circunstancias de nuestras vidas, pero según los concretos apenas cuentan un 10 por ciento en el cómputo de la felicidad personal. Además, en muchos casos cambiar o mejorar estas circunstancias está en nuestras manos en la medida en que podemos aprender a elegir pensamientos y hábitos de vida más saludables.

• Entonces, ¿qué cuenta en el cómputo de la felicidad?

En torno al 50 por ciento de tu felicidad está determinado por la genética. Los expertos llaman a esa disposición genética a ser felices el «punto nodal de la felicidad» y lo comparan con el peso corporal: puedes influir en ello, puedes mejorarlo o empeorarlo, pero tiendes a volver a tu punto medio. Otro 10 por ciento de tu felicidad se debe a las circunstancias, como acabamos de mencionar, y el 40 por ciento restante depende de tu comportamiento diario, de tu enfoque vital y de cómo juzgas a los demás y a ti mismo.

- ¿Puedo hacer algo concreto para sentirme más feliz?

Puedes hacer mucho para mejorar tu nivel de felicidad, entendido como el conjunto de tu bienestar emocional y físico. Puedes gestionar tu actitud, tus emociones y tus pensamientos, y también puedes modificar tu entorno y tus circunstancias en la medida de lo posible, como sugerimos a lo largo de estas páginas. Ésa sería tu contribución deliberada y activa a tu cómputo de felicidad.

También hay elementos insospechados que nos pueden hacer más o menos felices. Por ejemplo, si pregunto a cualquiera de vosotros quién es más feliz, una persona de treinta años o una de setenta, ¿qué me vais a decir? Seguramente pensaréis que la persona de treinta años es más feliz que la de setenta (es lo que pensamos casi todos). Pero los estudios revelan que, de media, la gente es más feliz a partir de los cuarenta y seis años. Esto se desprende de un conjunto de estudios que intentan medir y comprender la felicidad de las personas no sólo en términos de dinero.

De un vistazo: si la vida es una curva, una pata de la U representa cuando eres un adulto joven. Aquí generalmente eres feliz, aunque estés estresado. Con los años, llegas a la parte plana de la U, en torno a los cuarenta y seis. Para mucha gente, éste es el punto álgido de preocupaciones y de tristezas, de responsabilidades y de pérdida de ilusiones. Curiosamente, a partir de este punto las cosas vuelven a mejorar y si gestionas bien tu capital de felicidad tienes bastantes posibilidades, cuando llegues a la otra pata de la U, en la edad madura, de ser incluso más feliz que cuando tenías treinta años.

- ¿Por qué la gente tiende a ser más feliz en la edad madura?

  Sólo podemos barajar hipótesis, pero algunas son bastante convincentes. Sostenía el filósofo William James «qué agradable es el día en el que dejamos de esforzarnos por ser jóvenes o delgados», y desde luego parece que con la edad las personas suelen aprender a aceptar sus fortalezas y sus debilidades, liberándose de una parte de frustración y de ambición. Muchos aprenden a disfrutar de todo aquello que está realmente a su alcance y dan más importancia a uno de los elementos clave en el cómputo de la felicidad: las relaciones con los demás.

- Por cierto, ¿cómo medimos la felicidad?

  En los años treinta, el gobierno de Estados Unidos empezó a utilizar como medida del valor de mercado de todos los bienes y servicios producidos por una economía el Producto Interior Bruto (PIB). Aunque se reconoce el valor del PIB para controlar los vaivenes de la economía, no es un instrumento adaptado para medir el bienestar general de una sociedad. Sabemos, por ejemplo, que las sociedades que más han prosperado en los últimos cincuenta años no logran mejorar necesariamente sus niveles de felicidad. Por ello muchos gobiernos, y la Comisión Europea en concreto, trabajan para desarrollar nuevos criterios que permitan medir el bienestar de las personas, entre ellos el acceso al conocimiento y al tiempo libre. La dificultad estriba en convertir principios generales consensuados en métodos cuantificables.

Un caso atípico es el del pequeño reino de Bután, donde llevan años midiendo lo que denominan «felicidad interior bruta» y conjugando esta medida con otras más estrictamente económicas. Por ello sus políticas sociales y económicas valoran no sólo el rendimiento económico, sino también el uso del tiempo, la diversidad del entorno, el bienestar emocional de las persona, si los trabajadores pueden pasar tiempo con sus familias, si logran desarrollar sus aficiones... Así, en Bután hay bosques que no se talan aunque los beneficios económicos sean evidentes porque no cumplen los criterios del producto interior bruto de felicidad. El encargado de velar por esto es el Ministerio de la Felicidad.

- Concretamente, ¿sabemos qué elementos cuentan más en la balanza de la felicidad?

Ten en cuenta que cuando hablamos de felicidad nos referimos a una sensación de bienestar que las personas perciben, es decir, que la felicidad es algo personal y subjetivo y por ello cada uno tiene que encontrar su propio camino hacia ella. Pero lo cierto es que sabemos que hay elementos que ayudan más que otros a conseguir este bienestar. En otras palabras, que si la felicidad fuese una balanza existen elementos que pesarían más de un lado o del otro de esta balanza. Merece pues la pena preguntarse si les estamos dando suficiente importancia en nuestra búsqueda de la felicidad. Repasémoslos:

– ¿Hombre o mujer? Las mujeres suelen ser un poco más felices que los hombres, aunque también tienden más a la depresión (entre una quinta y una cuarta parte de mujeres tendrá una depresión a lo largo de su vida).

- ¿Neurótico o extrovertido? Estos son rasgos que influyen mucho en la felicidad. El neurótico tiende a sentirse culpable, a estar enfadado y ansioso, lo cual quiere decir que se deja llevar por las emociones más negativas y suele tener poca capacidad para relacionarse con los demás. El extrovertido, en cambio, es feliz rodeado de gente, en fiestas, en el trabajo, y tiende a ser alegre y optimista.
- ¿Casado o soltero? No es cuestión de estado civil, pero la gente con pareja tiene más probabilidades de ser feliz que los solteros.
- ¿Niños? Cuando miras tu vida en conjunto, algo que solemos hacer muy de vez en cuando, los niños aportan felicidad al cómputo global. Pero en el día a día aumentan considerablemente las preocupaciones y el estrés, y por tanto tienden disminuir el bienestar diario de sus padres.
- ¿Dinero? El dinero influye mucho en la felicidad si las personas no tienen cubiertas sus necesidades básicas. Por ejemplo, la gente sin hogar en Calcuta tienen un 2,9 de felicidad en una escala de 7; en cambio, muchos multimillonarios norteamericanos tienen un 5,8 en una escala de 7. Pero si tienes cubiertas tus necesidad básicas, un inuit en Groenlandia y un masai que vive en una cabaña en África son tan felices como los ciudadanos acomodados de Estados Unidos.* Otro dato intere-

* Conviene citar al respecto el clásico estudio sobre dinero y felicidad del psicólogo y Premio Nobel Daniel Kahneman, que puede consultarse en el apartado de publicaciones de su web, www.princeton.edu/~kahneman

sante: nuestros ingresos se han multiplicado vertiginosamente en las últimas décadas en los países desarrollados, pero los niveles de felicidad que medimos se parecen mucho a los que había antes de la segunda guerra mundial.

- ¿Ganar la lotería? Aunque el subidón que te da ganar la lotería es poderoso, al cabo de unos meses regresas a los niveles de felicidad anteriores a haberla ganado. En parte se debe a algo evolutivo, una programación que hace que de la misma forma que nos acostumbramos a vivir con cambios en principio negativos, también lo hacemos con cambios positivos, y pasado un tiempo ni el coche nuevo ni la casa recién comprada nos impactan tanto. Los mejores cambios son los que no son sólo materiales, como comprarte una lavadora, sino que nos abren puertas para que nos pasen más cosas buenas, como por ejemplo si empiezas un nuevo hobby, porque entonces los cambios y oportunidades se multiplican y abren horizontes siempre distintos.
- ¿Trabajo? Éste es un elemento muy importante. Si tienes trabajo, tu nivel de felicidad sube. Y por cierto, trabajar cerca de casa también es un indicador de felicidad.
- ¿Ocuparse de los demás u ocuparse de uno mismo? Aquí los estudios son contundentes: dar felicidad a los demás es más importante que perseguirla hedonísticamente. Los estudios indican que a mayor número de actividades significativas, mayor incremento en el cómputo de felicidad y sensación de que la vida tiene un sentido.
- ¿Salud? Aunque la salud es importante en la balanza de la felicidad, somos capaces de superar

muchos baches de salud y retornar a nuestros niveles habituales de felicidad. Por ejemplo, el psicólogo de la Universidad de Harvard Daniel Gilbert ha calculado que las personas a las que les amputan un brazo vuelven a su nivel anterior de felicidad en unos tres años.

- ¿Edad? La edad suele jugar a nuestro favor en el cómputo de felicidad. No son las arrugas ni los achaques, evidentemente, los que pueden hacernos más felices con la edad, sino los cambios internos que se dan en la forma de enfrentarse a la vida. Si hemos aprendido algo a lo largo de los años, ahora tendremos más probabilidades de ser más efectivos resolviendo conflictos, de aceptar mejor los reveses de la vida, de sentir más compasión por los demás, de encajar mejor las críticas (nos entristecen igual, pero sentiremos menos ira), de tener menos ambiciones angustiosas, de disfrutar por tanto más de lo que tenemos, aunque sea sencillo... Además, si envejeces bien estarás más centrado en el presente, y eso te dará mucha felicidad.
- ¿Naturaleza? Estamos programados para estar a gusto en la naturaleza. Venimos de la sabana, de los cielos abiertos y de los grandes espacios. Hay estudios que muestran que las personas que están rodeadas de naturaleza enferman menos, y también que los pacientes en los hospitales se recuperan antes si están frente a una ventana con vistas.
- ¿Disfrutar de una afición? Un elemento que aporta felicidad es el denominado «fluir», un término acuñado por el psicólogo Mihály Csikszentmihályi que describe un estado mental y emocional de mucha concentración que puede darse cuando estamos profundamente absortos en una actividad

lúdica o creativa. Este estado se da habitualmente en atletas, músicos, escritores, jugadores profesionales o personas religiosas.

Como estamos comprobando, la felicidad se alimenta de elementos diversos que cada persona adapta a sus necesidades y que valora en función de sus preferencias. La felicidad es una suma de emociones mezcladas. Sin embargo, el cerebro no siempre nos ayuda a experimentar las emociones que nos producen felicidad, porque una de sus tendencias más características es fijarse en lo negativo y a atascarse en la desconfianza y el miedo. Recordemos que aunque nuestro cerebro tiene recursos y habilidades impresionantes, no está óptimamente diseñado excepto para sobrevivir, y por ello el placer y la alegría no son su máxima prioridad. Para contrarrestar la tendencia innata a la supervivencia, y por tanto a la negatividad del cerebro humano, tenemos que entrenarlo deliberadamente para percibir una realidad más equilibrada, menos sesgada. En definitiva, a pensar en positivo. Para ello son determinantes tanto tener herramientas para la gestión del estrés como ser capaces de generar emociones positivas y filtrar las emociones negativas cuando éstas no responden a circunstancias objetivas. Respecto a esto último, uno de los mejores expertos en este ámbito es el psicólogo John Gottmann, de la Universidad de Washington, que ha dedicado años a estudiar cómo el equilibrio o ratio entre lo negativo y lo positivo tiene un impacto medible y concreto en la vida y las relaciones de las personas. Veamos cómo podemos mejorar este ratio en nuestras vidas.

La ratio positiva/negativa

Determinados estudios llevados a cabo en Estados Unidos revelan que sólo en torno al 20 por ciento de la población siente que su vida es ilusionante. Los psicólogos describen a las personas que sienten que viven vidas ilusionantes como personas que «florecen» porque se sienten satisfechas. Estas personas suelen hacerse preguntas como: ¿Estoy aprendiendo cosas nuevas? ¿Cambio a mejor? ¿Contribuyo a mejorar las vidas de los demás? Por el contrario, las personas que no experimentan ilusión por sus vidas piensan que «van tirando», aunque muchos en algún momento sintieron que las cosas les iban bien. ¿Qué han perdido por el camino? No están deprimidos o enfermos, están resignados. Casi un 60 por ciento de las personas que participan en estos estudios dicen que viven la vida de forma automática, sin que tenga demasiado sentido. Hacen los gestos, pero no se sienten realmente vivos.

- ¿Qué podemos hacer para sentirnos bien y recuperar ilusión?

Tenemos que ser conscientes de que estamos hechos de emociones positivas y negativas: necesitamos emociones de todo tipo para estar vivos. Con las emociones negativas tendemos a excluir, a protegernos, a rechazar, a sentir miedo. Nos vienen de forma muy natural porque, como ya hemos mencionado, tenemos un cerebro programado para sobrevivir y estamos al tanto de todo lo que pueda amenazarnos. Las emociones positivas tienden en cambio a incluir, a dejar entrar sentimientos de placer en nuestras vidas, como cuando nos divertimos o sentimos interés por algo, o nos maravillamos y nos sentimos inspirados o agradecidos. Cuando mejoramos nuestra «dieta» de emociones positivas solemos darnos cuenta de que la vida cobra más sentido. También recibimos más apoyo social, o al menos somos más conscientes del que ya tenemos porque estamos más abiertos a los demás.

En cualquier caso, las emociones no son un estado permanente: vienen y van. No merece la pena intentar aferrarse a las emociones sino más bien entrenarse para generar más positivas que negativas, hasta lograr un equilibrio sano entre ambas. De entrada, para florecer y recuperar la ilusión...

- Sé un poco impredecible y haz algo inesperado.

  Para crecer y transformarte, a veces debes tener un comportamiento un poco inesperado. Nadie crece si hace lo mismo día tras día. Lo vemos en la selección natural: hay variaciones entre padres e hijos, hay transformaciones en las especies y ello implica cambios y nuevas habilidades. Para evolucionar, hay que mantener la capacidad de hacer cosas distintas.

- Mejora tu ratio positiva/negativa, empezando por tus relaciones.

  ¿Cómo sabemos si una relación mantiene un buen equilibrio entre lo negativo y lo positivo? Este equilibrio puede observarse en las relaciones humanas contando el número de situaciones positivas (por ejemplo, «esto es una buena idea») y negativas («esto no es lo que yo esperaba», «estoy decepcionado») que ocurren entre las personas. Esto permite a los expertos diagnosticar qué clase de relación hay entre personas, ya sea una pareja, una equipo de trabajo, padres e hijos, amigos u otros.

- ¿Qué impacto tiene este equilibrio entre lo positivo y lo negativo en la vida de pareja?

John Gottman, el prestigioso psicólogo americano, predice con un alto grado de acierto si una pareja se va a divorciar en los siguientes cinco años sólo con observarla durante quince minutos. Para este diagnóstico utiliza lo que denomina «el equilibrio mágico de las relaciones de pareja», que es de 1:5 a favor de lo positivo. Ello quiere decir que si comparamos lo positivo —el interés que mostramos por el otro, preguntarle cómo le ha ido el día, ser cariñoso...— y lo negativo —las críticas, la ira, la hostilidad, los sentimientos heridos...—, comprobamos que las parejas que perduran, hacen y dicen cinco veces más cosas positivas que las que se separan.

Esto implica que para arreglar un comportamiento o un gesto negativo se necesita hacer cinco actos positivos por cada uno negativo, ya que lo negativo pesa cinco veces más que lo positivo para el cerebro humano.

- ¿Y en los equipos de trabajo?

Las investigaciones de los doctores Fredrickson y Losada muestran que los mejores equipos también mantienen equilibrios claramente escorados hacia la positividad, con un punto de inflexión que está en torno al 3 a 1 a favor de lo positivo. El 80 por ciento de los adultos norteamericanos no llegan a cumplir esa ratio, lo que sugiere que con un poco de esfuerzo tenemos muchas oportunidades de mejorar en este sentido.*

* Barbara Fredrickson afirma que experimentar emociones positivas y negativas en una ratio de 3:1 es el punto de inflexión en el cual las personas se vuelven más resilientes frente a la adversidad y logran sus metas con más facilidad. Puedes medir tu ratio positiva/negativa diaria aquí: www.positivityratio.com.

- ¿Cómo podemos aplicar el equilibrio positivo-negativo en casa?

  Si tendemos a escorarnos hacia la negatividad en lo laboral o en la vida de pareja, probablemente también lo hagamos en casa de cara a nuestros hijos. Tal vez olvidemos integrar suficiente espacio para el disfrute y el juego y no estemos centrados en ayudar al niño a ser feliz. Como dicen los italianos, *niente senza gioia,* esto es, ¡nada sin alegría!

- ¿Cómo puedo generar emociones positivas?

  Una forma muy eficaz de generar emociones positivas es vivir el presente, intentando no escapar hacia el pasado o el futuro. Los estudios muestran que cuando las personas están estresadas o asustadas tienen menos emociones positivas porque están preocupadas por su supervivencia. Para generar más emociones positivas necesitamos crear entornos que nos permitan desconectar el modo de alarma del cerebro emocional.

  Para ello no necesitamos grandes inversiones materiales sino un entorno razonablemente solícito y seguro. La abundancia, para el cerebro miedoso, es percibir que tiene suficiente y centrarse en vivir el presente.

Ruta 14. El viaje interior

Vivir el presente

¿Sueles pensar en lo que haces? ¿O tiendes a hacer una cosa y pensar otra? Si tu respuesta es que sí, te pasa lo que nos pasa a casi todos, tanto que ni nos damos cuenta de ello: que no vivimos el presente. Sin embargo, las investigaciones apuntan claramente que somos más felices cuando nos centramos en él. Si te cuesta centrarte en el presente, ése es un problema que tiene solución.

- ¿De verdad tenemos que aprender algo tan sencillo como vivir el momento? ¿No debería ser algo automático, estar aquí, pensar en lo que haces?

La capacidad del cerebro adulto, dotado de una gran corteza cerebral para prever el futuro y recordar el pasado puede ser muy útil pero también es un arma de doble filo, porque nos hace presa de miedos y de deseos interminables. ¡Nos cuesta mucho no obsesionarnos con el futuro, con lo siguiente que toca hacer, o con recordar situaciones pasadas! Los niños son más capaces de vivir en el presente porque su propia estructura cerebral, todavía inmadura, se lo pone más fácil. Pero al cerebro adulto le cuesta hacerlo. Hay que entrenarlo un poco.

- ¿Para qué entrenarnos? ¿No estamos bien así, con la cabeza siempre en otro sitio?

Pues no. Sabíamos que las experiencias más placenteras son las que nos absorben en cuerpo y mente, las que no están contaminadas por las preocupaciones o las lamentaciones: tocar un instrumento, conducir disfrutando de la carretera, plantar flores... Pero lo que no sabíamos es que eso también es verdad de las rutinas diarias, como fregar los platos, lavarnos los dientes, pelar una manzana...

Lo han estudiado dos psicólogos de la Universidad de Harvard, Matt Killingsworth y Dan Gilbert. ¡Resulta que casi la mitad de nuestros pensamientos no tienen nada que ver con lo que estamos haciendo! Y esto nos suele ocurrir incluso cuando hacemos actividades supuestamente divertidas, como mirar la tele o charlar con alguien.

• Así que, estar pensando una cosa y haciendo otra ¿no nos hace más felices?

Pues no. Somos más felices cuando nuestros pensamientos y nuestras acciones coinciden, aunque sólo sea para lavarnos los dientes. Os diré más: se ha comprobado que te hace más feliz, por ejemplo, barrer el suelo pensando en lo que estás haciendo que barrer el suelo pensando en unas vacaciones de ensueño.

• ¿Cómo han podido medir eso en un laboratorio?

Debe de ser muy difícil. Lo han hecho con un método poco convencional pero muy eficaz que se llama el «*sampleo* de experiencias». A través de un teléfono móvil, los investigadores han desarrollado un programa que ha llamado automáticamente varias veces al día a las cinco mil personas que han participado en el estudio. Les preguntaban qué hacían, en qué pensaban y cuán felices se sentían. Y han comprobado que incluso las personas que tienen vidas divertidas y emocionantes, si no se centran en lo que hacen no son tan felices como las personas con existencias tranquilas pero que están de verdad presentes en sus vidas.

• ¿Qué puedes recomendarme para ser más feliz de inmediato, ahora mismo?

De entrada, piensa sólo en lo que haces, es decir, hazlo no de forma automática sino con conciencia de ello. No es tan fácil, si no estás acostumbrado a hacerlo así, a tu cerebro al principio le va a costar. Hay estudios que fotografían la actividad cerebral en los que se ve que incluso cuando seguimos instrucciones, o cuando no estamos pensando en nada en particular, nuestros cerebros se comportan como si estuviésemos distraídos. Es como una programación cerebral que salta por defecto.

- Ayúdame a aprender a vivir en el presente.

Podemos entrenar la mente a vivir en el presente, pero entrenar la mente es como entrenar el cuerpo: necesitas un esfuerzo constante y regular para tener una mente sana. Para ello vamos a darte unos sencillos ejercicios de «atención plena» y cuando los hagas con facilidad los podrás adaptar a las actividades diarias que prefieras:

– *No hagas ningún movimiento inútil.* Cuando tienes prisa haces muchos movimientos inútiles, abres el cajón que no es, se te caen cosas al suelo, coges la prenda de vestir equivocada...
– *Camina diez pasos descalzo y a conciencia.* En casa, descálzate y camina diez pasos muy concentrado en sentir el suelo, la presión sobre los pies, la temperatura...
– *Come algo que te guste, como una pasa, con atención plena.* Coge una uva pasa, mírala, huélela, ponla muy despacio en tu boca y saboréala también muy lentamente, pensando en todas las sensaciones que te produce. ¿La notas contra tu paladar? ¿Es dulce o sosa? ¿Es pequeña, está arrugada, está seca o jugosa? Piensa sólo en esta pasa. Céntrate únicamente en ella.
– *Practica el aprecio por lo que te rodea.* Sentir agradecimiento es una forma muy rápida de percibir mejor la realidad. El monje benedictino David Steindl-Rast* propone este sencillo ejerci-

* David Steindl-Rast ha desarrollado sugerentes teorías acerca del aprecio y la gratitud por lo que nos rodea: «Me ayuda en mi propia práctica de la gratitud aplicar la regla que aprendí cuando era niño y que usaba cuando iba a cruzar una calle: "Para, mira, anda". Antes de acostarme miro hacia atrás en mi día y me pregun-

cio: «Durante el día, aprecia alguna cosa que nunca has apreciado». Por ejemplo, sales a la calle y miras un camión que nunca habías apreciado antes. Parece una tontería apreciar un camión, pero te fijas en su color, lo aprecias con todos tus sentidos, lo tocas, lo miras, lo sientes, escuchas el ruido que hace. Por la noche, recuerdas ese sentido de apreciación y agradecimiento por ese camión que nunca te había importado antes. ¿De qué sirve ese ejercicio? Te ayuda a entrenar la atención plena y el sentimiento de apreciación profunda.

– *No hagas siempre lo mismo ni de la misma forma.* Posiblemente una razón por la que el cerebro tiende a desconectar de lo que hace es para hacer las cosas de forma automática. Para contrarrestar esto, un ejercicio eficaz es romper algunos hábitos automáticos, aunque no sean malos. Por ejemplo,

---

to "¿Me detuve y permití ser sorprendido? ¿O caminé aturdido y con desgana? ¿Estuve demasiado ocupado para despertarme frente a la sorpresa? ¿O permití que las circunstancias me distrajeran de poder ver el obsequio dentro del regalo? Y finalmente ¿estuve suficientemente alerta para aprovechar la oportunidad que se me ofrece? Esta receta para vivir agradecido suena simple porque lo es. Pero simple no significa fácil. Algunas de las cosas más simples son difíciles, porque hemos perdido nuestra simplicidad infantil y aún no hemos encontrado la de nuestra madurez. Crecer en gratitud es crecer en madurez. Y encontrarás casi siempre ese momento que te ofrece una oportunidad de disfrutar… los sonidos, los olores, los sabores, las texturas, los colores, y aún con más alegría la amistad, la bondad, la paciencia, la fidelidad, la honestidad y todos aquellos dones que ablandan nuestros corazones como una lluvia de primavera.» (Textos extraídos de la página web creada por David Steindl-Rast: www.gratefulness.org.)

puedes retarte cada día a cambiar alguno de tus gestos automáticos, como sentarte en un lugar distinto en la mesa, o lavarte los dientes al revés de como sueles hacer, o sentarte en un lado diferente del sofá...

Ruta 15. La felicidad por fuera

Durante la infancia desarrollamos grandes patrones emocionales, en función del entorno y de la genética, con los que nos relacionamos con el resto del mundo y que determinan nuestras creencias y reacciones frente al amor, la curiosidad o el miedo. Aunque la genética potencia un determinado perfil mental y físico en las personas, hoy sabemos que la activación de nuestros genes depende mucho del entorno. Existen multitud de ejemplos, como los estudios con gemelos idénticos que llevan un gen que les predispone a una enfermedad mental pero que sólo se desarrolla en función del entorno. Somos extremadamente vulnerables al entorno. Por ello, un niño que se siente bajo presión debido a maltratos, abusos o simplemente una vida estresante tendrá, cuando sea adulto, reacciones fisiológicas, emocionales y mentales que se disparan más fácilmente ante posibles amenazas o eventos estresantes. Un niño que no ha sido amado tendrá, con mucha probabilidad, dificultades para establecer relaciones afectivas sólidas. Veremos a lo largo de las próximas páginas el impacto de distintos elementos genéticos y medioambientales en nuestras vidas.

Pero ¿qué le pasa al cerebro masculino?

¿Por qué cuando estoy estresado yo prefiero estar callado y ella se empeña en hablar? ¿Por qué me gusta el boxeo y a ella no? ¿Por qué yo no confundo el sexo con el amor? ¿Por qué se me llevan los demonios cuando alguien me hace una faena con el coche? ¿Por qué nunca caigo en la cuenta de que ella se ha cambiado de peinado? ¿Esto le pasa a todo el mundo? ¿Son cosas del cerebro masculino o tiene remedio? Claro que hay diferencias entre nuestros cerebros masculinos y femeninos, pero varían de persona a persona y deben considerarse sólo una tendencia que nos afecta en grados distintos y que se debe a muchos factores, sobre todo evolutivos: la educación, la genética, las costumbres que dejan huella en el cerebro... Hay muchos hombres y mujeres que no responden, o sólo responden en parte, a esas tendencias. Más aún: dentro de cada hombre hay una mujer.

- ¿Cuidas de la mujer que llevas dentro?

No son sólo palabras, es una realidad biológica. Los hombres son «derivados» en el sentido de que todos somos derivados de una mujer. Es lo que llaman «la Eva mitocondrial», porque la forma biológica por defecto en la naturaleza es la femenina. Desde que nos conciben hasta las ocho semanas de vida como fetos, todos tenemos circuitos cerebrales de tipo femenino. Después el feto varón empieza a liberar, desde sus diminutos testículos, grandes cantidades de testosterona, la hormona masculina, que impregna los circuitos cerebrales y lo transforma en un niño. El cerebro femenino, en cambio, no se ve expuesto a tanta testosterona y las niñas nacen con circuitos cerebrales en los que zonas como las del oído o las emociones, por ejemplo, son mayores que en el cerebro masculino.

- ¿Hay alguna zona del cerebro masculino particularmente llamativa?

  El espacio reservado en el cerebro masculino al sexo puede ser hasta dos veces y medio más grande que el de una mujer. De allí la frase de Groucho Marx: «No piense mal de mí, señorita. Mi interés por usted es puramente sexual». Dado que en general el sexo juega un papel importante en nuestras vidas, convendría educarnos acerca de lo que suele motivar a nuestras parejas. Por ejemplo, ¿sabías que una mujer necesita estar relajada para poder disfrutar del sexo? Son cosas del cerebro... Helen Fisher, de la Universidad Rutgers de Nueva Jersey (Estados Unidos), explica además que los dos hemisferios del cerebro masculino suelen estar menos conectados, y eso da a los hombres la habilidad de centrarse en una sola cosa y de disfrutar persiguiendo una meta tras otra. En cambio, el cerebro femenino es capaz de asimilar y conectar muchos sentimientos a la vez; y, por cierto, también tiende a asimilar el amor al sexo más deprisa.

- ¿Es verdad eso que dicen de que a las mujeres el mundo de las emociones les resulta más natural?

  La razón de estas diferencias entre hombres y mujeres probablemente sea evolutiva: antiguamente la mujer se quedaba en el poblado cuidando de sus hijos. La comunicación y la empatía, el sentir por los demás, eran muy importantes para ella y le venía bien conectarlo todo, interpretar las señales sutiles de los que la rodeaban. Pero el hombre tenía que cazar, y por tanto le era más útil tener un instinto más agresivo, ya que necesitas saber desconectar de determinadas emociones y preocupaciones para salir con una lanza a enfrentarte a un león. Y así, un hombre puede pasar horas pescando, zapeando o viendo futbol sin pensar en nada especial, centrado en compartimentos mentales estancos, mientras que a las mujeres les resulta más natural conectarlo todo.

• ¿Pero en el fondo hombres y mujeres sentimos lo mismo?

Absolutamente. Hombres y mujeres sentimos lo mismo aunque lo expresemos a veces de formas distintas. Por ejemplo, en la forma de contar nuestras historias. Imagina que llevas toda la noche de juerga sin tu mujer. Y a la mañana siguiente, ella te pregunta que qué tal. ¿Qué le contestas? Probablemente no expliques gran cosa, y eso a ella la va a fastidiar porque no se va a creer que todos los bares se parezcan tanto ni que en doce horas no hayas hablado de nada interesante, aunque sea verdad. Y es que de entrada, la tendencia del cerebro masculino es ir al grano y contar el final, que de alguna forma es la «meta», sin pararse a darle tanta importancia a los detalles. En esto nos acompaña nuestro caudal verbal, porque de media las mujeres usan unas veinticinco mil palabras al día, frente a las doce mil de los hombres.

• A una mujer estresada, ¿le alivia hablar?

Desde luego: a una mujer, cuando está estresada, le alivia hablar, porque necesita expresar sus emociones y cuando lo hace genera progesterona, y eso la calma. También debemos tener en cuenta cómo nos educan: desde pequeños, el guión típico que se impone a los hombres es no hablar de sus deseos, de sus miedos o de las cosas que les hacen vulnerables. Y por ello a veces hablar puede hacerles sentirse débiles.

- ¿Por eso los hombres necesitan estar solos cuando se enfadan?

  Sí, esa es otra tendencia del cerebro masculino. En estudios con niños y niñas, se ha visto que ya desde pequeños los chicos tienden a necesitar soledad cuando están disgustados (lo llaman «irse a la cueva»), pero luego se les pasa el disgusto antes. En cambio las niñas y las mujeres tardan más en enfadarse con sus amigos, pero luego el «periodo refractario», es decir, el tiempo que se tarda en perdonar al otro, es más largo. Así que es importante comprender estos mecanismos para no tomárselos como algo personal. Tu chica no es rencorosa, es sólo que tiene un periodo refractario más largo que tú.

- ¿El cerebro masculino es tan sociable como el femenino?

  Se ha visto que si encierras a muchos hombres juntos en un lugar tienden a pelearse. En cambio las mujeres, entre ellas, tienden a disfrutar, porque hablan, conectan…

- ¿Por qué parece más habitual que los hombres se tomen como un insulto personal que alguien les haga una faena con el coche?

  Posiblemente se enfaden por dos cosas: por la testosterona y por el coche. Por una parte, los hombres están programados para responder agrediendo o huyendo cuando otro macho de la especie les amenaza (por ejemplo, otro hombre en un coche). ¡Se les encienden todas las alarmas! Por otra parte, los estudios dicen que los hombres se identifican menos con sus cuerpos que las mujeres. En general les gustan más los sistemas y las máquinas, por ello cualquier insulto al coche se lo pueden tomar como algo más personal.

Algo que pueden hacer vuestras compañeras para calmaros en una situación así es acariciaros la nuca y murmurar: «Vaya, menudo desgraciado...», para mostrar comprensión, y no miraros como si estuvieseis locos: vuestra airada reacción es sólo porque os identificáis mucho con vuestro coche.

- ¿Y por qué los hombres suelen disfrutar con los deportes violentos más que las mujeres?

Si eres hombre, ver a tu equipo luchando por ganar incrementa tus niveles de testosterona y te ayuda a identificarte con ideales tradicionales masculinos, como la dominación, la toma de riesgos, la competición... De hecho, cuanto menos activo es un hombre físicamente más puede necesitar compensar esta falta de acción en su vida mirando a otros hombres en acción.

No sólo el hecho de nacer hombre o mujer puede teñir nuestra forma de relacionarnos y de expresar las emociones. Muchos otros elementos nos convierten en lo que somos, y uno de los más insospechados es, sin duda, el orden de nacimiento, que siendo aparentemente anodino y casual podría sin embargo dictar una parte de nuestro destino.

El orden de nacimiento puede afectar tu destino

¿Sabéis que los primogénitos tienden a alcanzar sus metas con más frecuencia que los demás hermanos? Un dato curioso para ilustrarlo: de los primeros veintitrés astronautas que fueron al espacio, veintiuno eran primogénitos y dos eran hijos únicos, que son como superprimogénitos y tienen por tanto muchas probabilidades de conseguir sus metas. En una de las elecciones recientes a presidente de Estados Unidos, de los once candidatos todos eran primogénitos.

- Soy primogénito. ¿De qué manera puede este hecho haber influido en mi vida?

Los primogénitos tienen tendencia a asumir el mando con facilidad y a dar la cara. Por ello, suelen elegir profesiones donde puedan destacar. Ya de pequeños, los padres probablemente tenían grandes expectativas con ese primer hijo. Le dedicaron más tiempo, al menos hasta que llegó el segundo. Los primogénitos suelen sentirse responsables de sus hermanos y, sobre todo, de no defraudar a sus padres, y tienden por ello a mostrar una madurez y sentido de la responsabilidad notables para su edad.

- Mi hermano no se parece en nada a mí aunque hayamos recibido la misma educación. ¿Por qué?

Nos criamos en la misma familia que nuestros hermanos, pero eso no significa que nos traten igual. Cuando llega el segundo hijo, éste suele adoptar el papel opuesto al de su hermano mayor. Así que piensa en tu hermano mayor, sobre todo si sois del mismo sexo, y toma nota: ¿Cuánto de lo que haces es sólo por ser distinto a él? Los segundos tienden a recibir menos admiración y atenciones que el primogénito y aprenden a valerse más por sí mismos. Los hermanos pequeños, en cambio, cargan con menos expectativas y comparaciones y por ello tienden a tomar riesgos y a estar más abiertos al cambio. Como suelen asumir un papel más divertido en las familias, es corriente que elijan profesiones más artísticas o de cara al público.

Sea cual sea nuestro lugar de nacimiento o nuestras circunstancias particulares, los seres humanos tenemos algo en común: la vida nos dota de una larga infancia como bagaje de partida. Cuando un niño nace, tiene un cerebro del tamaño aproximado de un chimpancé adulto. Este cerebro desproporcionado dificulta el propio nacimiento, una característica exclusivamente humana que no le ocurre a ninguna otra especie. Cuando llegamos a la edad adulta el cerebro es aproximadamente tres veces más grande que cuando nacimos. Este prolongado proceso de desarrollo implica que necesitamos mucha protección durante nuestra larguísima infancia; ninguna otra especie tiene cachorros que no son capaces de cuidar de sí mismos a los cinco años de nacer. Por ello requerimos una inversión parental notable de nuestros dos progenitores, padre y madre.

Los patrones emocionales que aprendemos en la infancia son muy potentes porque se graban de forma inconsciente y profunda en nuestro cerebro en base a un complicado equilibrio químico, eléctrico y físico. En esa etapa se forma nuestra consciencia, los vínculos de apego que determinan cómo nos relacionamos con los demás, nuestra capacidad para superar obstáculos, para comprender y gestionar nuestras emociones, para motivarnos a nosotros mismos, para controlar los impulsos… Un ejemplo de cómo aprenden nuestros hijos es cómo aprenden los bebés, que están inmersos durante los dos primeros años de vida en el desarrollo del hemisferio derecho de su cerebro, desde donde aprendemos a leer emociones, a regularlas y a interactuar con los demás. La madre o padre, de forma inconsciente, enseñan al niño técnicas de autorregulación que serán determinantes en la vida del pequeño. «Vaya, tesoro, pareces disgustado. Creo que has tomado demasiada leche y que tienes que eructar. Deja que te ayude, verás cómo te sientes mejor. Ves, ya estás sonriendo otra vez», dicen papá o mamá a su hijo. Esta madre o padre acaba de enseñarle al niño todos los aspectos de una emoción. Le ha enseñado a nombrar la emoción —«pareces disgustado»—, es decir, a reconocerla. Le ha enseñado que las emociones y los disgustos tienen motivos: «Has bebido demasiada leche...». Y también le ha enseñado que puede recibir ayuda de otras personas: «Deja que te ayude...». Finalmente, le ha enseñado que cuando te sientes mejor sonríes de nuevo, esto es, que puedes mostrar tus emociones a los demás. Sin entrenamiento previo, esta madre o padre le ha dado a su hijo una clase magistral sobre gestión emocional. Imaginemos en cambio qué habría enseñado a este bebé una madre deprimida, irritada o demasiado ocupada para ayudar al pequeño.

Todos los padres tienden hacia un estilo educativo, generalmente heredado de sus propios padres. Según las investigaciones de John Gottman, tan malo es abusar de un estilo autoritario que despoja al niño de su autoestima como de un estilo permisivo, que no proporciona al menor límites claros y la posibilidad de practicar una buena gestión emocional ante la adversidad y los eventos estresantes.

Educar implica pues un aprendizaje en buena parte imitativo e inconsciente durante el cual el niño absorbe lo que sus padres le enseñan día a día, no por lo que dicen sino por lo que hacen. Imitamos comportamientos y por ello heredamos en buena medida como propia la mirada de nuestros padres al resto del mundo. Si fuera necesario deshacer o modificar estos patrones más adelante, en la edad adulta, requeriremos un trabajo consciente y repetido. Para prevenir la necesidad de desaprender patrones negativos, he aquí algunas *reglas del pulgar* para padres de hijos afortunados.

*Ocho reglas del pulgar para padres de hijos afortunados.**

La expresión «regla del pulgar», traducida del inglés *rule of thumb*, se refiere a observaciones generalmente aceptadas y relativamente eficaces basadas en la experiencia práctica. No siempre es fácil acertar en las decisiones y las palabras diarias con las que guiamos a nuestros hijos, y por ello es importante conocer algunos de los principios básicos que guían una educación emocionalmente inteligente.

- *¿Crees que se puede mimar demasiado a un bebé?* Contrariamente a lo que se solía pensar, es casi imposible mimar demasiado a un bebé, al menos hasta los seis meses. Hay estudios que demuestran que cuanto más cuidas y muestras afecto a un bebé, más independiente y seguro se mostrará cuando empiece a caminar. Los bebés lloran porque es su señal de atención, y si no reciben respuesta se frustran y tienen una imagen insegura del mundo que les rodea. Sugerencia: no apresures la autonomía de un niño; el cambio de cama, dejarle solo, quitarle el pañal... no deben llegar demasiado pronto. Dale tiempo a sentirse seguro y cuidado, y por tanto querido.
- *¿Alguna vez has amenazado con marcharte sin el niño?* Aunque las circunstancias puedan ser tremendamente frustrantes —en el parque, en un cumpleaños...—, y aunque nunca fueses a hacer-

* Esta parte está basada en un artículo de *The Atlantic* del 20 de octubre de 2011, «12 ways to mess up your kids», de Alice G. Walton.

lo, la simple amenaza de abandono es muy dañina para el niño. Especialmente en los primeros años, los padres representan la principal fuente de seguridad y de confianza para el niño, y éste aprenderá a desarrollar vínculos de confianza y de afecto con los demás a lo largo de su vida en función de esos primeros vínculos con sus progenitores. Por ello es fundamental que sientan que sus padres no les abandonarán. El abandono despierta en el niño el fantasma de la muerte, de la desprotección, y por tanto no es una moneda de negociación válida ni justa. Sugerencia: a los niños les cuesta hacer transiciones y calcular el tiempo, por ello conviene avisar de lo que va a suceder a continuación: «Va siendo hora de cenar», «nos iremos dentro de diez minutos», «ve acabando, faltan cinco minutos»... Y así ayudarle a hacer la transición de un momento a otro con naturalidad. Para los más jóvenes, un buen truco es sacar partido a su curiosidad y encontrar fuentes de distracción, como las formas de las nubes o el color de un camión en la calle.

– *¿Das por sentado que lo que funcionó con tu primer hijo funcionará con el segundo?* Dice David Elkind, de la Universidad de Tufts (Estados Unidos), que «la misma agua hirviendo que endureció el huevo ablanda la zanahoria». Esto nos recuerda que para los hijos no vale la talla única: no sólo varía la personalidad de cada hijo sino que varían también sus estilos de aprendizaje, su capacidad de concentración, sus estilos afectivos o su forma de responder a la disciplina. Sugerencia: aprende a comprender las necesidades de tu hijo, su temperamento, su forma de expresar y recibir afecto, sus peculiaridades, y adapta tu forma de disciplinarle y de motivarle a lo que necesita.

– *¿Alguna vez le has mentido a tu hijo?* Una regla del pulgar fundamental es «no mientas a tu hijo», aunque sea para evitarle un posible sufrimiento. Un ejemplo sería decirle que te has llevado su mascota a casa de un amigo cuando en realidad el animal ha muerto. Distorsionar la realidad no es una solución aceptable porque socavas la confianza de tu hijo en las personas en las que más confía. Sugerencia: es importante que la explicación que des al niño se ajuste a su capacidad de entenderte, es decir, que si es muy pequeño no necesita largas explicaciones sobre qué es la muerte o la enfermedad. Otra forma de mentir y dañar la autoestima del niño es quitar importancia a sus sentimientos, o decirle que no siente lo que siente: «No tienes miedo de ir al cole, eso es una tontería». Las experiencias difíciles son una oportunidad para crecer y fortalecerse, y la labor del padre es acompañar y apoyar al niño hasta que logre afrontar sus emociones. Sugerencia: ayudar al niño a reconocer y poner nombre a sus emociones, y luego enseñarle formas de gestionarlas.*

– *¿Te comportas mal, como si eso no importase?* Los niños aprenden por imitación. Son esponjas que absorben todo lo que haces, bueno o malo. Por ejemplo, los hijos de fumadores tienen el doble de posibilidades de fumar que los hijos de no fumadores. Otros comportamientos y actitudes

* Una recomendación para padres: *Raising An Emotionally Intelligent Child: The Heart of Parenting*, de John Gottman.

más sutiles, como tu forma de tratar a los demás, también tienen muchas posibilidades de ser imitados por tus hijos y considerados «normales». Sugerencia: sé coherente con lo que dices y haces, y recuerda que el niño incorporará tus comportamientos, más que tus palabras, a su vida. Si quieres que sea respetuoso y amable, muéstrale esa actitud regularmente.

- *¿Castigas o riñes a tu hijo cuando se enfada?* Pretender «eliminar» o ignorar las emociones negativas de los niños no funciona; las emociones negativas son una forma razonable de expresarse, sobre todo dados los límites mentales y verbales del niño. Sugerencia: empatiza con los sentimientos de tu hijo —«Comprendo que estés enfadado...»— pero limita sus actos —«... aunque no puedo dejarte pegar a nadie»—. Enséñale formas asertivas y no violentas de expresar sus necesidades y de resolver conflictos.
- *¿Pierdes el norte porque tu hijo ha roto las reglas?* Si el niño juega a un videojuego violento o hace algo inesperado que consideras malo, ponlo en contexto: si la mayor parte de su entorno y de sus actividades son sanas, un error no suele ser catastrófico.
- *¿Te saltas las comidas en familia y llenas los armarios de comida basura?* Cada vez más investigaciones muestran que las familias que comen juntas en torno a una mesa están más sanas física y mentalmente. Cuando sea posible, fomenta las comidas o cenas en familia donde se hable de las cosas buenas y malas del día de cada uno y se disfrute de estar juntos. No hace falta hacer nada muy especial, pero sí enseñar a los niños a comer

alimentos sanos; por ello intenta que la nevera tenga alimentos nutritivos a los que los niños tengan acceso y reemplaza la comida basura con alternativas atractivas, aunque sea poco a poco.

Aseguran los expertos, como el doctor John Ratey, de la Universidad de Harvard, que cada día hay más evidencias de que no sólo la comida sino también el ejercicio contribuyen a regular el cerebro emocional. Éste nos ayuda a gestionar nuestros humores, potencia la motivación, calma la ansiedad y regula el estrés, fortalece la capacidad de atención, mejora las funciones cognitivas del cerebro y ayuda a controlar determinados impulsos.

¿Cuál es la razón de este impacto del ejercicio en nuestras vidas? Cuando nuestros genes se desarrollaron, hace más de medio millón de años, nos desplazábamos entre doce y dieciocho kilómetros al día, levantábamos pesas y hacíamos ejercicio físico constantemente. Nuestros genes no han cambiado tanto desde aquella época, y el movimiento sigue siendo crucial para nuestra salud porque forma parte de nuestro cerebro. El ejercicio y el juego potencian la actividad celular y generan neurotransmisores, en particular dopamina, norepinefrina y serotonina, además de hormonas beneficiosas para la salud física y mental.

Las últimas décadas han arrojado datos contundentes que demuestran que el ejercicio también ayuda a prevenir o contener el declive cognitivo asociado a la edad. Esto, dado la creciente expectativa de vida, es cada vez más importante. El Estudio McArthur sobre Envejecimiento Satisfactorio desarrollado a finales de los años ochenta y principio de los noventa por una fundación norteamericana desveló que había tres actividades que lograban frenar el principio del declive cognitivo. La primera era reducir la ingesta de calorías y mantener un peso corporal controlado. La segunda, la práctica del aprendizaje permanente, aunque fuese con sudokus o rompecabezas, para mantener el cerebro activo. Y la tercera actividad beneficiosa era el ejercicio. Estos datos se han comprobado e investigado a lo largo de las últimas décadas, poniendo de manifiesto la importancia vital del ejercicio y de la dieta para estar en forma.

Errores que nos impiden estar en forma

La sociedad nos vende una imagen muy artificial de perfección física y nosotros nos la creemos. Eso crea mucha infelicidad. No se trata de ser supuestamente perfectos, sino de aprender a cuidar y a valorar lo que tenemos. Sólo hace falta ayudar a que salga a la luz lo mejor de cada uno. Como decía Miguel Ángel de su *David* cuando terminó la escultura: «Siempre estuvo allí, yo sólo tuve que quitar lo que sobraba». Y hay actitudes que nos ayudan a quitar eso que sobra, y otras en cambio que nos perjudican, aunque las hagamos con buena voluntad. Por ejemplo, ¿qué dirías tú que es realmente importante de cara a estar en forma?

Lo primero es tener ganas de ponerse manos a la obra para cuidarse. Y para eso, primera regla de oro: aprende a utilizar el poder de las palabras antes de hacer las cosas. Esto es fundamental. Por ejemplo, si antes de hacer ejercicio yo digo: «Ufff, qué pereza, me toca hacer veinte minutos de asquerosa bicicleta estática, qué ganas de tirarla por el hueco de la escalera. ¡Ojalá que este rato pase pronto!», lo que estoy consiguiendo es programar mi cerebro para que cada vez que piense en hacer ejercicio lo asocie automáticamente con la sensación de pereza y de asco. Así que aprende a programar tu cerebro de forma positiva y cada vez te dará menos pereza hacer las actividades que son buenas para ti.

Tú decides qué sentimientos y qué palabras asocias a cada actividad y a cada persona que hay en tu vida. Prográmate para pensar en el rato diario de ejercicio como «éste es mi momento, esto es lo que yo hago por mí». Funciona, y cuando llegue el momento de hacer ejercicio lo vivirás como algo positivo.

- ¿Qué cantidad de ejercicio debo hacer?

Aquí hay otra regla de oro que solemos desconocer. Atentos, porque lo importante cuando haces ejercicio no es la cantidad, sino la calidad. Recordad esto: es mejor hacer poco ejercicio pero intenso, que mucho ejercicio flojo. No se trata de sufrir o de hacerse daño, sino que en la medida de nuestras posibilidades hay que salirse de algo que se llama «la zona de confort». Vamos a ver por qué esto es tan importante. Un estudio reciente muestra que los niños, si caminan veinte minutos al 60 por ciento de su capacidad cardiovascular máxima (eso es simplemente caminar sin sudar y pudiendo incluso charlar), mejoran sus pruebas académicas en torno al 15 por ciento. ¡Sólo con caminar! Si haces estas pruebas con personas mayores, ves mejorías entre tres y seis meses con resultados excelentes respecto a sus capacidades cognitivas y al manejo de la ansiedad y la sociabilidad, además de una mejoría importante en su salud física. El ejercicio aeróbico es excelente en este sentido.

- ¿Qué pasa si haces ejercicio entre un 70 y un 85 por ciento de tu capacidad máxima?

Aquí vas a ver cambios neuroquímicos, un incremento en el número de neurotransmisores y otros beneficios múltiples. Por supuesto también vas a quemar más glucosa, porque le estás pidiendo un esfuerzo extra a tus músculos, y generarás más factores de crecimiento que mejorarán tu circulación y el crecimiento del músculo. Incorporar a tu sesión de ejercicio unos segundos de actividad, corta pero intensa, tiene un efecto potente en el cerebro. Por ejemplo, un *sprint* o levantar pesas durante treinta segundos provoca un pico de todos los elementos que hemos mencionado y genera la denominada hormona anti-edad, una hormona de crecimiento llamada HGH. También generas más óxido nitroso, y eso es muy interesante porque te ayuda a limpiar placa y células que se adhieren a las pequeñas arterias, ésas que luego causan problemas y accidentes cardiovasculares, y con ello te llegan mejor a la sangre la glucosa y el oxígeno. Pero para eso necesitamos un ejercicio de intensidad fuerte, y cuidado porque eso sólo es recomendable si tienes muy buena salud.

- ¿Hay alguna recompensa después de este esfuerzo?

Un truco para los que han hecho esa media horita de ejercicio intenso y ahora quieren una pequeña recompensa es saber que existe algo que se llama la ventana de la oportunidad: son los cuarenta y cinco minutos que transcurren después del ejercicio durante los cuales lo que comes se va a quemar más deprisa. Es decir, que si quieres picar algo, esos cuarenta y cinco minutos después del ejercicio son tu momento.

- Por cierto, ¿cómo sé si tengo hambre de verdad, si necesito comer o es puro capricho?

A veces me cuesta distinguir. Pues aquí nos sirve el truco de Bob Greene, el famoso entrenador de Oprah Winfrey, la superestrella norteamericana de la televisión. Vamos a descubrir su termómetro del hambre, que va del 1 al 5. Imagina que estás subido a un termómetro del hambre, en el nivel 1. Ahora estás tranquilo, no tienes síntomas físicos de apetito, pero tal vez estás un poco aburrido, o te acabas de pelear con alguien, o te sientes solo y decides comer. Pero, cuidado, porque si comes cuando estás en los niveles 1 o 2 estás alimentando una necesidad emocional, no física. Es lo que pasa cuando fumas, por ejemplo. En los niveles 1 y 2 no hay hambre, lo que hay son carencias emocionales, como pereza, aburrimiento, miedo, soledad... Piensa qué áreas de tu vida —pareja, niños, trabajo, finanzas— no están funcionando, porque en estos niveles, si comes, es porque te estás consolando con la comida.

Ahora estamos en el nivel 3. ¿Cómo te encuentras? Ahí sientes cómo te ruge la tripa y tienes un poco de cansancio físico, pero es que llevas varias horas sin comer. Te vendría bien reponer fuerzas. En el nivel 3 el hipotálamo avisa a tu cerebro a través de los neurotransmisores de que necesitas comer y empiezas a notar los síntomas físicos: te ruge la tripa porque los intestinos se mueven, pero sólo te queda aire y notas un pequeño bajón físico, un leve cansancio. Aquí hay que comer. Por cierto, recuerda que son mejores cinco comidas ligeras, que tres pesadas. Pero si te descuidas, y pasas al nivel 4 sin comer y no has hecho caso de las señales del nivel 3, en el siguiente probablemente te haya bajado el azúcar y la serotonina. Eso puede ponerte un poco irritable y descoordinado. Una vez alcanzado el nivel 5 ¡has entrado en fase de alerta! Ahora estás tan cansado que ya no controlas bien tu apetito, comerás sin masticar bien y no estarás tan atento cuando el cerebro le dé la señal a tu cuerpo de que hay que parar, de que es suficiente comida.

¡Qué desastre! ¿Qué puedo hacer? No tires la toalla. Otra metedura de pata típica es despreciar la regla del 80 por ciento. Recuerda que si haces algo, como comer sano, es mejor hacerlo al 80 por ciento que no hacerlo nunca. Olvidaste que había que parar y comer en el nivel 3, antes de llegar al agotamiento, pero si lo intentas hacer habitualmente, al menos al 80 por ciento, es mucho mejor que nada.

Cuídate a diario. Hemos hablado de la importancia de asociar palabras y sentimientos positivos a los ratos que dedicas a cuidarte. También hemos dicho que es mejor hacer poco ejercicio, pero intenso. Y hemos recordado que, en el termómetro del hambre, hay que comer sólo cuando sentimos que es físicamente necesario, no antes, porque entonces estaremos alimentando una necesidad emocional. Por encima de todo, recuerda cuidar el cuerpo que tienes, porque cada persona es un pequeño milagro de la naturaleza, y eso hay que celebrarlo cada día. No lo dejes para mañana.

Adelgazar engañando al cerebro

El neurólogo David Linden explica que cuando hablamos de grasas, azúcares y otras comidas densas desde el punto de vista de las calorías que contienen, necesitamos comprender que la evolución del cerebro es lenta y que los cambios sociales y culturales, en cambio, son muy rápidos. Eso crea desajustes que son muy evidentes en nuestra forma de comer. No estamos preparados desde el punto de vista evolutivo para nuestras sociedades prósperas, porque no sabemos protegernos del acceso ilimitado al exceso de calorías.

Venimos evolutivamente de tribus de cazadores y recolectores donde, a menudo, había que soportar hambrunas intermitentes. En esta situación, te conviene comer lo que está a mano, aunque engordes un poco, porque aprovechar cualquier bocado, sobre todo si tiene muchas calorías, podría salvarte más adelante. Pero este instinto no nos ayuda en las grandes ciudades, en las que hay comida abundante. Por ello, en las sociedades más prósperas económicamente, el peso medio ha aumentado; por ejemplo, doce quilos en el peso medio de un norteamericano desde 1960 hasta hoy. No es porque hayamos cambiado nuestro perfil genético, o porque los circuitos cerebrales que controlan el apetito hayan variado, sino porque las grandes corporaciones, en los últimos veinte años, han sabido sacar provecho de nuestra debilidad innata por la comida calorífica, heredada de nuestras preferencias de las eras del Paleolítico y Neolítico, y aprovechan que nos cuesta resistirnos. Por ello, sería aconsejable estar al quite para no dejarnos llevar.

- ¿Qué cosas nos atraen más?

Todo aquello con texturas que contrastan, como salado y azucarado, o dulce y picante; cosas crujientes por fuera y suaves por dentro, que activan nuestros circuitos de recompensa, sobre todo cuando los alternamos. Esto es algo que tenemos en común con otras especies, como las ratas.

Seguro que muchos hemos intentado adelgazar y hemos probado dietas y pastillas milagro de todo tipo, pero ¿ha funcionado? La mayoría de las veces probablemente no. Comer y beber es algo placentero y activa nuestros centros de placer cerebrales, y la mezcla de preferencias culinarias evolutivas heredadas del pasado con la industria alimentaria moderna, que manipula porciones exageradas de comida procesadas con altos niveles de grasa, de azúcar y sal, dificulta nuestros intentos por llevar a cabo una dieta sana. Pero atentos, porque vamos a conocer ahora formas de adelgazar engañando al cerebro...

¿Sabes que tienes un pequeño cerebro en la tripa? Tienes cien millones de neuronas dentro de tu intestino, con sensores mecánicos y químicos, y microcircuitos independientes, y la capacidad de controlar músculos. Es como un cerebro de verdad. En pocas palabras: tienes un cerebro grande en la cabeza y otro invisible, del tamaño del de un gato, en la tripa.

- ¿Para qué quiero un cerebro de gato en mi estómago?

Pues porque tu cerebro de gato, el que tienes en la tripa, es el que sabe lo que pasa allí abajo y le envía señales al cerebro grande diciendo: ¡Come! o ¡Deja de comer!

Y esos dos cerebros, el grande de la cabeza y el de gato que tengo en el estómago, ¿por qué no se ponen de acuerdo y me ayudan a decir «basta»? Pues a menudo porque no se escuchan. Cuando el estómago está vacío, se genera una hormona llamada grelina que da la sensación de hambre. Cuando el estómago está lleno generamos leptina, que es la hormona de la saciedad. Las señales están allí y el cerebro de gato las envía al cerebro grande. Pero como hemos visto, es tan fácil de digerir y tan sabrosa la comida humana que es muy tentador ignorar las señales del estómago, que te dice que ya has comido suficiente... Así que el cerebro disfruta con los sabores y tú te sigues atiborrando. Tienes que ponerlo de tu parte. Aquí tienes algunas sugerencias para doblegar al cerebro glotón:

- Como ya hemos dicho algunas veces, el cerebro no distingue entre la realidad y lo que imagina. Por eso si imaginas que te estás comiendo algo *antes de comerlo de verdad*, tu cerebro perderá algo de interés por ese alimento y comerás menos. Esto sólo funciona si imaginas que comes algo que luego vas a comer de verdad...
- Ahora ya estás sentado: empieza comiendo a tu ritmo normal y al poco tiempo baja el ritmo, es decir, come más despacio de lo habitual. Está comprobado que esto reduce tu apetito de forma significativa porque al cabo de un rato el cerebro creerá que has comido más de lo que has comido en realidad y por eso vas más despacio.
- Si comes delante de la tele vas a comer más. Si comes charlando o leyendo también vas a comer más. Cualquier distracción le da una excusa al cerebro glotón para no escuchar las señales que le dicen que ya ha comido lo suficiente.
- Si te comes el postre en un bol grande y con cuchara grande comes hasta un 30 por ciento más de comida que si comes en un bol pequeño y con cuchara pequeña.
- Pierdes dos veces más peso si escribes una lista diaria de todo lo que comes (basta con apuntarlo en un *post-it* en la nevera).

Como hemos visto, los circuitos de recompensa del cerebro nos incitan a hacer cosas evolutivamente necesarias para la supervivencia de la especie, como comer o hacer el amor. Pero los humanos hemos encontrado formas de potenciar estos circuitos y potenciar estos circuitos de forma artificial, principalmente con drogas psicoactivas como el cannabis, el alcohol o la cafeína, y también con la comida, manipulada para tomar nuestros circuitos de placer al asalto. Sin embargo, gracias a unas características genéticas que compartimos con otros primates, y tal vez también con cetáceos como las ballenas y los delfines, a nuestros circuitos del placer les pasa algo extraordinario, y es que podemos activarlos con cosas absolutamente arbitrarias, o que no tienen al menos una relación tan directa con las necesidades evolutivas. Esto dota a nuestras vidas humanas de un atractivo especial. Los humanos podemos activar nuestros circuitos de recompensa y placer absteniéndonos de sexo o dejando de comer, si a ello nos impulsan y motivan determinadas ideas sociales, culturales o religiosas. Es decir, que las ideas son más atractivas para nosotros y tienen su propia recompensa para el cerebro. Incluso el altruismo, que nos incita a dar a los demás, puede ser placentero para la mayoría de personas, que sienten como se activan los circuitos de placer cuando donan a un proyecto de caridad, o incluso cuando donan anónimamente.

Las ideas pueden pues proporcionarnos mucho placer. Lograr generar y disfrutar de esta capacidad característicamente humana alimenta una vida dotada de sentido y de creatividad. Vamos a ver ahora qué elementos y técnicas nos pueden ayudar a poner en marcha y a concretar las metas que derivamos de nuestra capacidad de soñar y de crear.

CAPÍTULO SEIS

LA ESCUELA DE LA BUENA SUERTE

Cómo ser creativo, cambiar tu suerte y cumplir tus metas

De la vida me interesa sobre todo lo que *no* me dicen, lo que *no* salta a la vista. Por ejemplo, ¿qué hacen las personas a las que parece que la vida *siempre* les sonríe? ¿Es una pregunta ilusa? ¡Es que quiero hacer exactamente lo que hacen ellas! Ya sé que solemos culpar a la buena y a la mala suerte de casi todo lo que nos pasa, sin embargo existen infinitos ejemplos que prueban que una persona puede lograr metas importantes con el viento en contra. ¿Pero cómo? Imaginen a tres hermanas muy unidas, que además son escritoras de éxito. ¿Verdad que la estampa suena a suerte, éxito y felicidad? Pues miren con lupa lo que la letra pequeña de estas vidas, como la de tantas otras, esconde en realidad. Allá por 1821, Charlotte Brontë, una de estas hermanas privilegiadas, tenía apenas cinco años cuando su madre murió. La enviaron, junto a tres hermanas mayores, a un siniestro internado. Dos hermanas de Charlotte contrajeron tuberculosis y murieron. Con el paso de los años las hermanas supervivientes, Charlotte, Emily y la pequeña Anne, trabajaron como gobernantas y maestras, dos de las pocas formas dignas, aunque desde luego nada divertidas, que se ofrecía a una mujer entonces para ganarse la vida. Finalmente decidieron regresar a su hogar de la infancia y fundar allí una escuela.

Fue una decisión valiente y atrevida: tenían un sueño y lo pusieron en marcha. A todos nos gusta que nuestros sueños logren plasmarse. Las hermanas Brontë, cuando lo tuvieron todo a punto, pusieron un anuncio en prensa invitando a las posibles alumnas de su escuela a interesarse por ella. Podía haber sido una explosión de éxito, una celebración de la tenacidad y del trabajo bien hecho. Se lo merecían. Pero ¿os lo podéis creer? El cartero, día tras día, llegó con las manos vacías. Nadie, absolutamente nadie, contestó a su anuncio. Tuvieron que renunciar a su sueño. Y de repente, en 1847, las tres hermanas lograron publicar con éxito sus libros. Debió de ser en torno a aquella época cuando Charlotte Brontë aseguró que «si no existiese la adversidad, la prosperidad no sería tan bienvenida». La dicha sin embargo fue corta: Anne y Emily, autoras respectivamente de *Agnes Grey* y de *Cumbres Borrascosas,* murieron al poco tiempo de tuberculosis. Unos años más tarde, Charlotte, la hermana superviviente, decidió hacer algo que había rechazado repetidamente hasta entonces: con el arrojo de los valientes, o tal vez de los desesperados, decidió casarse. Con treinta y ocho años se quedó embarazada, y seguramente disfrutó durante unos meses de un nuevo soplo de inesperada prosperidad. Pero antes de dar a luz, murió víctima de la tuberculosis que había aniquilado a todas sus hermanas.

Y ahora leamos la trágica historia desde otro prisma... Porque aquella experiencia vital sembrada de muertes y de carencias ha colmado de dicha, indirectamente, a innumerables lectores. Y es que Charlotte Brontë volcó la experiencia vivida en su infancia en *Jane Eyre,* una obra alimentada por su propia vida, dramática y nada envidiable. Sus páginas nos recuerdan que, a menudo, es precisamente en la superación de los obstáculos donde nace la fuerza de las personas para conseguir sus metas. ¿Alguien se apunta a treinta y ocho años plagados de rechazos, tuberculosis y muertes a cambio de un libro inolvidable? Nos gustaría alcanzar metas y tocar la gloria, pero quisiéramos transitar por un camino más ligero, menos doliente. ¿Existirá algún atajo? En estas páginas encontraréis respuestas concretas a mi pregunta ilusa. ¿O no tan ilusa? Admitido, el precio del éxito puede ser alto, pero tal vez merezca la pena sobreponerse a obstáculos y tropiezos si el fruto es un pedacito de eternidad para uno mismo... y para los demás.

Ruta 16. Atajos para vencer los cambios y la pereza

No nos gusta cambiar de opinión

Empecemos el recorrido por estas rutas de montaña escarpadas reflexionando acerca del nacimiento de una idea y su posterior transformación en algo hermoso o útil. ¿Cómo generamos nuestras ideas y creencias? La respuesta a esta pregunta tiene un impacto muy grande sobre nuestras vidas. Por ejemplo, ¿sabe mi lector que a los humanos nos cuesta más cambiar de opinión que a los chimpancés? Pido a mis lectores un esfuerzo para visualizar el experimento que voy a contar a continuación, realizado por Victoria Horner en la Universidad de St. Andrews, en Escocia.* Se enseña a varios niños cómo conseguir una recompensa que dispensa un mecanismo insertado en una caja cuadrada, con tres pasos diferenciados: primero, con un bastón se abre un pestillo en la parte superior de la caja para facilitar el acceso a un agujero; segundo, se introduce el bastón por el orificio, golpeando varias veces; y finalmente, se extrae la recom-

* Se puede ver el vídeo del experimento buscando el artículo titulado «no me mires que te imito» en el blog www.somosprimates.org.

pensa de una trampilla que da acceso a un dispensador.

Debido a que la caja es negra y opaca, no se puede ver la relación entre causa y efecto y por tanto los niños no pueden saber que los dos primeros pasos que están realizando a petición de los investigadores son inútiles. Sin embargo, cuando se indica a los niños que repitan la rutina aprendida de los tres pasos con una caja cuyo mecanismo interno es idéntico, pero que es transparente, éstos —que en teoría deben darse cuenta en este punto de que los dos primeros pasos no tienen utilidad alguna—, para sorpresa de los investigadores, repiten las acciones inútiles en la caja transparente sin importarles el resultado. Es decir, que parece que los niños tienden a imitar las acciones, aunque no sirvan de nada concreto.

Cuando estas pruebas se repitieron con chimpancés, los resultados fueron completamente diferentes: estos imitaban correctamente los pasos cuando se les hacía practicar con la caja negra opaca, pero en cambio, cuando se enfrentaban a la transparente, eran capaces de saltarse los pasos inútiles y de ir directamente a la recompensa.

- ¿Por qué los niños no usaron la lógica para extraer la recompensa de una manera más eficaz?

Lo que realmente quería estudiar Horner mediante esta prueba es si los chimpancés y los niños usan la emulación o la imitación para aprender. La emulación es el proceso de aprendizaje que se centra en los resultados de las acciones. Por el contrario, la imitación es la reproducción detallada de todos los elementos del proceso, que incluye desde cómo cogerlo hasta la posición del brazo. Esto nos indica que hay una razón evolutiva de peso que explica por qué nos cuesta cambiar de opinión: los humanos aprendemos por imitación, y repetir patrones de conducta aprendidos por imitación, sin cuestionarlos, forma parte del kit de supervivencia humano.

Las ventajas de una reproducción exacta de las conductas son diversas. En la mayoría de los comportamientos que tienen que ver con la vida en sociedad, lo importante no es el resultado final sino la manera en que lo haces. Aprender conductas asociadas a convenciones sociales es un conocimiento importante para los primates humanos y no-humanos. Además, imitar fielmente permite que cualquier innovación se difunda con rapidez por una población.

A medida que avanza la vida, los seres humanos abandonamos las estrategias de imitación para usar otras de carácter más emulativo. Por esta razón, cuando esas pruebas se realizaron con varios adultos humanos, éstos optaban por estrategias más parecidas a las de los otros primates (iban directos a por la meta).

Gracias a este tipo de estudios, sabemos que en la vida en sociedad no basta con el resultado: la manera en la que se desarrolla el proceso es de vital importancia, pues de ello dependerá la aceptación o rechazo de la «manada». En muchas de las acciones que llevamos a cabo en grupo, el objetivo último es irrelevante. Lo importante es cómo las hacemos y si están en línea o en contradicción con las normas sociales. Por ésta y otras razones, sabemos que la imitación es una estrategia adaptativa humana favorecida por la selección natural en la que lo que importa es el camino, no el destino final.

Imitar es un mecanismo evolutivo de aprendizaje, algo programado en el cerebro. Nos da seguridad, nos hace similares al resto de la manada. Por tanto, tendemos a querer comportarnos como lo hacen los demás, como siempre lo hemos hecho. Es una de las razones por las cuales nos cuesta cambiar de opinión: «Siempre lo he hecho así, así es como aprendí a hacerlo».

- ¿Nos es más fácil cambiar de opinión si tenemos buenas razones para ello?

Los hechos objetivos no nos ayudan necesariamente a cambiar de opinión. Diversos estudios llevados a cabo en 2005 y 2006 en la Universidad de Michigan demuestran que las personas que menos saben acerca de un tema determinado, especialmente si tienen ideas políticas muy arraigadas, casi nunca cambian de opinión, aunque se les suministren hechos objetivos (más bien actúan al revés). Otro estudio, éste del investigador Hugo Pardo Kuklinski, sugiere que si intentas corregir las opiniones de las personas a través de los medios de comunicación o similares no consigues nada, ya que a medio plazo vuelven a lo que les hace sentirse seguros, a sus opiniones. Un estudio de 2006 de la Universidad Stony Brook de Nueva York muestra que también los pensadores más sofisticados se resisten a cambiar de opinión: hay un 10 por ciento de sus creencias que son prácticamente inamovibles, además de completamente equivocadas. Muchos estudios muestran que las personas con opiniones políticas muy fuertes suelen estar poco informadas. Esto se repite en todos los ámbitos estudiados: inmigración, sanidad, armas, educación... Se denomina el síndrome de «Sé que tengo razón» y se refiere a que no sólo la mayoría se resiste a cambiar de opinión a pesar de los hechos objetivos, sino que la gente que más necesitaría cambiar de opinión menos lo hace.

- ¿Por qué nos resistimos a cambiar de opinión?

Resistirse a cambiar de opinión es un mecanismo natural para evitar lo que se denomina la «disonancia cognitiva», es decir, pensar cosas que no te cuadran acerca de un tema. Por ejemplo, si eres fumador, te resulta incómodo fumar y, simultáneamente, saber que fumar es dañino para tu salud. Esto te genera una disonancia cognitiva que querrás aliviar dejando de pensar en el tema o negando la realidad («Es muy exagerado eso que dicen de que fumar mata... La gente muere aunque no fume... Si no fumase engordaría, y eso sería también perjudicial...»). Resulta muy amenazante admitir que no tienes razón. En estos casos el cerebro se inhibe y prefiere no considerar siquiera la posibilidad de estar equivocado.

- ¿Nuestras opiniones provienen de nuestras creencias o de una realidad objetiva?

  En general nos gusta pensar que nuestras opiniones se han formado a lo largo del tiempo de forma sosegada y justa. Pero en realidad solemos basar nuestras opiniones sobre nuestras creencias, y desgraciadamente las creencias suelen tener poco que ver con los hechos objetivos. No son los hechos los que construyen las creencias, sino que son nuestras creencias las que nos hacen fijarnos en determinados hechos. Las investigaciones muestran que tendemos a interpretar la información de forma subjetiva, para que refuerce nuestras opiniones. La respuesta a todo esto está en nuestros cerebros, que buscan la coherencia. Aceptamos de forma pasiva la información que refuerza lo que ya creemos, y en cambio rechazamos activamente la información que no nos «cuadra»; este mecanismo se llama «razonamiento motivado».

  En un mundo ideal deberíamos vigilar la información que nos llega, controlar las fuentes y la forma en la que nuestros cerebros la procesan. Pero cuestionarse constantemente cuesta mucho esfuerzo y puede resultar agotador; por ello, una vez que internalizamos nuestras creencias, nos cuesta mucho cambiarlas.

- ¿Es importante estar abierto a cambiar de opinión en tiempos de crisis?

  Cambiar de opinión en tiempo de crisis es fundamental para poder sobrevivir, tanto en crisis económicas como personales. Para facilitar los cambios necesarios para ajustarse a las crisis, se aconseja cambiar de entorno, incluso de lengua o de país, pero esto es justo lo contrario de lo que tendemos a hacer cuando nos sentimos amenazados, puesto que intentamos replegar velas y aferrarnos a lo conocido. Uno de los entornos que más dificulta el cambio es el familiar, donde las personas han crecido desarrollando un papel rígido que nuestros familiares suelen querer mantener por costumbre y por instinto de supervivencia, aunque no nos haga felices ni a nosotros ni a ellos.

- ¿Cómo podemos cambiar de opinión?

  Podemos reforzar nuestra auto-estima y bajar las defensas del miedo. Hay un estudio de Brendan Nyhan, profesor del Darmouth College de Hanover (Estados Unidos), que muestra que cuando propones a una persona un ejercicio de autoafirmación, está más abierta a considerar información nueva, puesto que no se siente tan amenazada o insegura. Es por eso por lo que los líderes políticos populistas se benefician cuando la gente está nerviosa o agitada: se les controla más, los retos les amilanan y están tan estresados que ni los registran correctamente.

Nuestros cerebros están diseñados para tomar atajos y adquirir informaciones que les permitan aferrarse aún más a sus creencias. Es lógico, porque así evitamos esa sensación tan desagradable de estar perdidos en un mundo muy complicado, de no saber dónde pertenecemos y qué podemos creer. Si te sientes acorralado en una situación a la que no ves salida, probablemente tienes miedo a perder algo. Enfréntate a ese miedo: ¿a qué tengo miedo? ¿Qué me da miedo perder? Busca soluciones que te ayuden a escapar de la cárcel del miedo en la que te has encerrado: una amistad o relación amorosa dependiente, por ejemplo, se alivia si abres tus horizontes y te planteas que no necesitas depender de una sola persona, y trazas un plan para abrirte al mundo exterior y hacer nuevos amigos.

Puedes ayudar a tu cerebro a no engañarse a sí mismo y a los demás. Tú no eres el conjunto de tus creencias: eres mucho más que eso. Así que atrévete a cambiar de opinión, de creencias y de circunstancias.

¿Por qué nos da pereza ponernos manos a la obra?

Hay una cierta sensación de que la gente que tiene éxito lo debe, sobre todo, a sus circunstancias o a la suerte. ¿Tú qué crees? Lo cierto es que, aunque la suerte y las circunstancias puedan jugar un papel más o menos determinante, la inmensa mayoría de la gente que vive en aquellos países donde el umbral de pobreza es bajo y hay acceso a la sanidad y la educación, esto es, las personas que no están luchando por sobrevivir, logran sus metas porque se han puesto manos a la obra, porque han trabajado para lograr lo que desean y han tenido que superar la tentación de dejarse llevar por una vida más cómoda. Un ejemplo conocido es el del cómico norteamericano Jerry Seinfeld, un clásico «triunfador» que arrasó con su programa en televisión* (aunque re-

* Jerry Seinfeld protagonizó entre 1989 y 1998 una de las series más populares de Estados Unidos, *Seinfeld*, una comedia televisiva que narraba las peripecias cotidianas de una versión ficticia del propio Seinfeld y de tres amigos suyos en Manhattan.

chazó una oferta de noventa millones de dólares para hacer una última temporada). Sus comienzos fueron muy duros, sin embargo triunfó por su fuerza de voluntad. ¿Sabes qué truco usaba? Es una técnica muy simple: le daba pereza empezar a escribir cada día, pero le encantaban las galletas, así que ponía un bote bien lleno al lado de un folio en blanco y, si escribía, como premio se comía unas cuantas. La idea es que si tienes una meta a largo plazo, puedes dividirla en pequeñas metas y premiarte cada vez que logres alcanzar una de ellas. Basta con una recompensa tan modesta como una galleta.

- ¿Por qué nos da tanta pereza ponernos manos a la obra?

  El cerebro se resiste a empezar cualquier actividad, busca excusas, retrasa el momento de empezar. Técnicamente es lo que se llama procrastinar. Un 24 por ciento de personas se identifican como procrastinadoras, es decir, que casi una de cada cuatro no se ponen manos a la obra porque les da pereza (tal vez haya más, pero ni siquiera se habrán molestado en rellenar los cuestionarios, ni en pagar las facturas a tiempo, ni en terminar sus proyectos, ni en estudiar para un examen...). La verdad es que una clave importante en la vida es lograr transformar lo potencial, los sueños, los planes, en algo real. Para ello hay que ponerse manos a la obra. Así que vamos a ver algunas razones por las cuales nos cuesta emprender una tarea.

  – ¿Estás siendo vago? Si no empiezas, no te cansas. Ésa es una razón muy corriente.
  – ¿Estás siendo demasiado perfeccionista? Hay mucho perfeccionista que no se lanza por miedo al fracaso.
  – ¿Estás desmotivado? Hay personas muy desmoti-

vadas porque no se conocen bien a sí mismas y trabajan en actividades que les aburren. Les falta pasión para ponerse manos a la obra.

Si estás siendo vago, o estás aburrido o desmotivado, va a ser difícil que consigas algo. Pero si tienes un sueño o una meta, vamos a ver formas eficaces para superar la pereza que nos da empezar a luchar por conseguirlo.

- La técnica del «sólo unos minutos...»

Es muy eficaz y fue propuesta por una psicóloga rusa llamada Bliuma Zeigarnik. Ella comprobó que cuando empiezas una actividad, la mente experimenta una especie de ansiedad hasta que terminas lo que estás haciendo, porque al cerebro no le gusta nada dejar las cosas a medias. En cambio, cuando concluyes la actividad, la mente da como un suspiro de alivio. Lo difícil es, sobre todo, empezar a hacer algo. ¿Qué podemos hacer para lanzarnos y combatir la procrastinación?* Como lo que de verdad nos abruma es realizar una actividad que imaginamos dura, ardua, lo que haremos es pensar que sólo vamos a centrarnos en esa tarea durante unos minutos. Sólo unos minutos parecen fáciles de afrontar. Y lo que puede ocurrir es que, ya inmersos en esa actividad, nos demos cuenta de que no es tan complicada y sintamos la necesidad de seguir hasta el final. Por tanto, ante una tarea que nos cueste arrancar, tenemos que engañar al cerebro diciéndole «Voy a ponerme a hacer esto sólo unos minutos...», y podemos estar seguros de que estos pocos minutos de actividad nos van a crear la suficiente ansiedad mental como

* Recordemos que esta singular palabra se refiere al hábito de aplazar las tareas que deberíamos hacer.

para que nosotros mismos queramos terminar esa tarea. Intentadlo la próxima vez que os dé pereza hacer algo...

- La técnica del pensamiento doble.

Esta técnica, desarrollada por investigadores de la Universidad de Pensilvania, sostiene que para ponerte manos a la obra necesitas ser un poco optimista y un poco pesimista. Para ello, vamos a coger un papel y apuntar dos beneficios evidentes que te va a reportar el trabajo que tienes que hacer, y también los dos obstáculos más importantes que te vas a encontrar. Por ejemplo, estudiar para un examen: estoy estudiando para sacarme el último curso de enfermería y las pruebas finales son dentro de dos meses. Primero, tengo que pensar acerca de cómo un examen concreto va a hacer que mi vida sea mejor. La primera ventaja es que podré trabajar y ganarme la vida cuando termine mis estudios de enfermería. La segunda ventaja es que podré trabajar en un hospital, y conocer y cuidar a muchas personas. Y desde la perspectiva pesimista, tengo que reconocer que uno de los obstáculos evidentes que me voy a encontrar es que casi no podré salir durante estos dos meses, y mi pareja me echará de menos. ¿Estoy preparado para eso? Además, mi trabajo me obligará a hacer guardias de noche. Ya tenemos dos ventajas, con sus dos obstáculos consiguientes. Las investigaciones nos dicen que si haces esto obtendrás mejores resultados que si únicamente te dedicas a ver la parte buena, o la parte mala. Hay que llegar a este equilibrio para estar motivado, para no tirar la toalla a la primera.

Uno de los secretos para conseguir tus sueños es no sólo tener buenas ideas, sino ser capaz de llevar estas ideas a la práctica. Recuerda que lo más difícil es empezar, y ten siempre claros y a la vista los beneficios y las dificultades de cada una de tus metas. Así, transformarás tus buenas ideas en realidad.

Ruta 17. Alcanza las cumbres de la creatividad

La complejidad cerebral humana nos permite ser muy flexibles pero también nos hace muy vulnerables. Por ello tendemos al desequilibrio emocional y mental. Somos la única especie capaz de sobrevivir en todos los ecosistemas terrestres, aunque también somos la única que utiliza su gran capacidad creativa e imaginativa para sentir miedo sin motivo y estresarse sin control, con los consiguientes efectos fisiológicos negativos. Gracias a una corteza cerebral muy desarrollada, tendemos a recordar el pasado y a prever el futuro; sin embargo, como estamos programados para sobrevivir, tendemos a temer lo peor y esto nos afecta muy negativamente. Por todo ello, resulta fundamental entrenar al cerebro a encontrar cauces constructivos y creativos para canalizar su gran potencial.*

Todos somos creativos

- ¿Dónde reside nuestra capacidad de estresarnos y de ser creativos?

Ambas tienen su sede principal en el cerebro humano, que es nuestro órgano para sentir y para pensar. El cere-

* Para ampliar información sobre lo expuesto en esta ruta, recomiendo el libro *Imagine: How Creativity Works*, del divulgador científico norteamericano Jonah Lehrer, publicado recientemente por Houghton Mifflin Harcourt.

bro pesa aproximadamente un kilo y medio, y se parece a una enorme nuez. Controla muchas funciones automáticas, así como las funciones cognitivas más racionales y también emocionales. Ningún animal tiene tantas células cerebrales como los humanos: tenemos unos cien mil millones de neuronas. El cerebro está hecho de neuronas conectadas que se comunican mediante impulsos eléctricos. Las posibilidades de conexión son enormes: cada neurona puede tener entre cien y seiscientas sinapsis o conexiones. ¡Tienes un caudal de imaginación increíble!

- ¿Puedo encontrar un cauce constructivo para mi imaginación?

Podemos utilizar la imaginación para generar, en vez de emociones negativas y temores, exactamente lo contrario: sensaciones y emociones positivas. La imaginación también puede ser una herramienta de creatividad, una forma de expresar la riqueza cognitiva del cerebro humano.

- ¿Todos somos creativos?

El prestigioso educador y especialista en creatividad Ken Robinson la define como el proceso de tener ideas originales que tienen valor. A este proceso también lo llamamos «innovar», una de las piedras de toque para los ciudadanos del siglo XXI. La creatividad no es un regalo de unos pocos, es una habilidad que compartimos todos, en mayor o menor grado. Las investigaciones más recientes nos dan claves acerca de cómo podemos fomentar la creatividad en nosotros mismos y en el trabajo. Hasta hace relativamente poco, la creatividad parecía el equivalente de tener poderes superiores; recordemos que la palabra inspiración significa «las musas te han soplado encima». En esta última década, por fin se está empezando a investigar acerca de la imaginación y la creatividad, que antaño parecían una aptitud en sí mismas, separadas de otras formas de cognición. Y se está concluyendo que esto no es del todo cierto, sino que la creatividad es una palabra que utilizamos para englobar un conjunto de instrumentos cognitivos que funcionan de forma distinta según las necesidades que tenemos.

¿Qué elementos fomentan la creatividad? Uno de los elementos que más fomentan la creatividad es la polinización de otros campos. Tendemos a creer que los «expertos» son los mejores creativos en sus campos. Parece ser sin embargo que los «*outsiders*», es decir, las personas que actúan o intervienen en un sector o especialidad que no es el suyo propio, de un campo cercano pueden llegar a ser muy eficaces.

- ¿Qué tiene que ver el pensamiento divergente con la creatividad?

El pensamiento divergente (que no es lo mismo que la creatividad pero que es esencial para ser creativo), es una capacidad que nos permite encontrar respuestas múltiples a una pregunta. Por ejemplo, ¿qué respuesta daría el lector a la pregunta de cuántos usos puede encontrar para un clip? Los adultos encuentran de media unas 15 respuestas a esta pregunta. Las personas que tienen habilidades de pensamiento divergente rozando la genialidad encuentran en torno a doscientos usos para el clip (se plantean cuestiones como el cambio de forma de los clips y su diferente longitud o material, entre otras visiones diversas de ese objeto.) Y ¿cómo podemos mejorar nuestra capacidad para el pensamiento divergente? Ken Robinson relata en este sentido un estudio longitudinal con un grupo de mil quinientos niños. ¿Cuántos eran genios en la franja de la etapa de infantil? ¡El 98 por ciento! Sin embargo, en la franja de ocho a diez años esta cifra bajaba al 50 por ciento, y disminuía de nuevo drásticamente entre los trece y los quince años, esto es, tras aproximadamente diez años en la escuela.*

- ¿Los procesos creativos son siempre los mismos?

No. Las investigaciones arrojan información interesante sobre esta pregunta. Parece que nuestra creatividad no siempre utiliza la misma forma de llegar a una respuesta. A veces importa mucho lo que llamamos «inspiración», y otras se llega a la respuesta con esfuerzo, con los codos en la mesa. Dependiendo del problema a resolver, necesitamos un tipo u otro de creatividad.

Empecemos con los problemas más espinosos, aquellos que si se resuelven suelen necesitar un momento de esa inspiración. Veamos un ejemplo real. Arthur Fry era un ingeniero que trabajaba en 3M, la hoy mundialmente famosa empresa de Massachusetts. En 1974, fue a una presentación de otro ingeniero, Spencer Silver, que trabajaba sobre adhesivos y que había desarrollado un pegamento tan débil que apenas podía sujetar dos papeles. A nadie en la sala se le ocurrió de qué podía servir un pegamento que casi no pegaba. Unas semanas más tarde, Arthur Fry estaba en la iglesia buscando desesperadamente en el misal las distintas canciones que cantaba la congregación y se perdía con los trocitos de papel que supuestamente marcaban las hojas correctas, pero que se caían constantemente. Durante el sermón, que fue muy aburrido, Fry tuvo una inspiración: los *post-it*.

* Quizá por ello Ken Robinson se atreve a afirmar, no sin cierta polémica, que «la escuela mata la creatividad».

- Prueba tu capacidad para inspirarte.

Éste es un clásico momento de *insight*, que aunque literalmente significa 'mirar adentro', aquí debería entenderse como 'inspiración'. Los científicos están estudiando qué pasa en el cerebro cuando se producen esos momentos en los que una idea aparece como de la nada y otorga a las personas algo que se ha llamado puzzle-visión. Veamos una muestra:

—Un hombre desposa a veinte mujeres en una pequeña ciudad. Todas las mujeres están vivas y ninguna divorciada. El hombre no ha roto ninguna ley. ¿Quién es ese hombre?

Si has encontrado la respuesta, probablemente te haya venido en un *flash*: el hombre es un cura. Las investigaciones de los profesores de Psicología Mark Beeman y John Kounios han identificado de dónde proviene ese *flash*: unos segundos antes de que éste aparezca, hay un pico fuerte de actividad en un área concreta del cerebro, localizada en el hemisferio derecho, excelente a la hora de unir información distantemente relacionada, que es precisamente lo que se necesita cuando se está intentando resolver un problema creativo.

- ¿Puedo mejorar mi capacidad de tener *insights*?

Según las investigaciones, mejorarás tus *insights* un 20 por ciento si miras un video cómico y te ríes antes de resolver el problema. Beber un poco también ayuda, por ejemplo, hasta un 30 por ciento para resolver baterías de palabras llamadas «asociados remotos», como ésta: disco-pino-madera. ¿Qué palabra o concepto es común a todas ellas? La respuesta es «teca», una palabra común a las tres palabras expuestas (disco-teca, pino-teca y madera de teca).

- ¿Por qué relajarnos y beber puede ayudar en determinados procesos creativos?

Estamos ante las ventajas de no prestar atención. Generalmente, valoramos mucho estar focalizados, pero eso puede inhibir la imaginación. Podemos estar centrados en algo que no es adecuado, y de ahí que los expertos a veces sean menos creativos que los *outsiders*. Cuando te distraes, te centras más bien de forma inconsciente en las asociaciones imprevistas que habitan el hemisferio derecho del cerebro. Si necesitamos un *insight* para avanzar en una labor creativa, eso nos va a ayudar. Estas investigaciones nos ayudan a comprender por qué tantos descubrimientos importantes ocurren en lugares extraños, como en la bañera de Arquímedes o en el club de *strippers* donde Richard Feynman garabateaba sus ecuaciones,* y confirman que Google hace bien de poner mesas de ping-pong en los pasillos, además de ratificar que soñar despierto puede ser importante. Tal vez por eso, Einstein decía que la creatividad es «el residuo del tiempo perdido».

- ¿Qué otras técnicas hay para sacar partido a la creatividad?

Claro que no todos los retos creativos requieren un momento «¡Eureka!¡Lo encontré!»...** A veces, trabajar

* Arquímedes, uno de los científicos y matemáticos más grandes de la Antigüedad, desarrolló su famoso principio de la hidrostática, que lleva su nombre, mientras estaba dándose un baño. Y se dice que Feynman, premio Nobel de Física en 1965, encontró inspiración en lugares tan insólitos como los mencionados.

** Eso fue lo que gritó Arquímedes cuando, en su bañera, llegó a la conclusión de manera inesperada que un cuerpo total o parcialmente sumergido en un líquido en reposo recibe un empuje de abajo hacia arriba igual al peso del volumen del líquido que desaloja.

duro es el único sistema: sudar y fracasar, rechazar, intentar, renunciar a muchas ideas. Nietzsche lo llamaba «el proceso de rechazo». Y es que la creatividad también requiere mucho trabajo. Un ejemplo es el del diseñador gráfico Milton Glaser, que en 1977 recibió el encargo de hacer un logo para rehabilitar la imagen de la ciudad de Nueva York. Después de unas semanas de trabajo presentó la idea: *«I love New York»*. A todo el mundo le gustó menos a él, que no estaba del todo convencido. Siguió dándole vueltas en la cabeza al diseño, hasta que en un taxi, unos días más tarde, garabateó en un papel de los que solía llevar en los bolsillos tan sólo las mayúsculas y un corazón rojo en lugar de «love», lo que dio lugar a uno de los logos más imitados en el mundo entero:

- ¿Cómo sabemos qué forma de pensar nos ayuda más en cada momento?

Tranquilo, tu mente sabe lo que necesitas. Los investigadores lo llaman: «sensación de saber», y esa sensación nos sobreviene cuando estamos bien encaminados, cuando sospechamos que podemos encontrar una solución si seguimos insistiendo en ello. La mente «sabe» si estás «caliente» o «frío». En otras palabras: si la mente te dice que andas cerca de una respuesta, sigue luchando. Si te dice que estás frente a una pared, probablemente necesites un *insight*, y éste te llegará más bien relajándote y empapándote de estímulos sin forzar nada. Si quieres ser más creativo, incrementa el volumen y la diversidad de la información a la que te expones.

- Steve Jobs decía que la «creatividad es simplemente conectar las cosas». ¿Cómo puedo hacerlo?

Como no sabemos de dónde viene la respuesta a nuestros interrogantes, debemos abrirnos a otros campos que nos puedan estimular e inspirar, gracias a conexiones inesperadas. Jobs, por ejemplo, estudiaba caligrafía. Busca la respuesta en lugares imprevistos. La investigación apoya esta tesis: en un análisis de 766 graduados de la Stanford Business School —todos ellos con sus propias compañías—, los que tenían más amigos registraban tres veces más alta la puntuación sobre el indicador de creatividad: traducían sus círculos sociales extensos en más ideas.

- ¿Qué es la reestructuración mental?

Hay soluciones que se denominan «reestructuración mental». Google tiene un evento interno que llama «búsqueda de ideas locas» donde se crean y muestran cientos de pósters. En 3M, a los ingenieros les mandan a nuevas divisiones cada pocos años. A veces los resultados son impactantes: así es como los ingenieros aplicaron su conocimiento sobre adhesivos transparentes para lograr resolver el problema de que la batería del ordenador se agotaba rápidamente para dar luz a la pantalla. Al poner un adhesivo óptico especial, consiguieron que la pantalla fuese un 40 por ciento más eficiente en el consumo de energía. Es decir, que se trata en estos casos de plantearse algo distinto, y eso les cuesta más a los expertos. Y es que las preguntas inesperadas pueden ayudar a resolver problemas.

- ¿Dónde puedo encontrar a personas creativas?

En todas partes, porque todos somos creativos, aunque no todos le saquemos partido a esta capacidad innata. Si quieres ver la creatividad en acción, mira a tu alrededor: la cocina, la moda, incluso la forma de hacer un ramo. Los humanos buscamos constantemente formas originales de hacer las cosas. Estamos dotados para la creatividad. Éste es el principio que se aplica en InnoCentive, un *website* que busca soluciones a preguntas científicas complicadas. Las compañías plantean sus preguntas, a las que asocian una recompensa económica, en ocho categorías científicas diferentes, que incluyen interrogantes desde el desarrollo de una cobertura de chocolate con menos calorías hasta una firma electrónica que intenta diseñar un ordenador solar. Curiosamente, esto es muy eficaz: en 2007, Karim Lakhani, un catedrático de la Harvard Business School, aseguraba que un 30 por ciento de los problemas planteados en esa web se solucionaban en seis meses. A veces, encontraban la solución en apenas unos días. Y una de las claves de este éxito es que los solventadores de problemas más eficaces no suelen ser del ámbito del problema que resuelven. Por ejemplo, no eran químicos los que resolvían los problemas químicos, sino biólogos moleculares. Y viceversa. Eran pues personas lo suficientemente cercanas como para poder comprender el reto, pero no tan cercanas como para obsesionarse con los obstáculos de siempre de los más expertos.

Esta habilidad para atacar los problemas como un principiante, libre de prejuicios y miedo al fracaso, es decisiva para la creatividad.

- Algunos trucos para ser más creativo y para aplicarlos desde ya a tu vida personal y laboral.

¿Por qué parece difícil ser creativo? Todos los cerebros están dotados para cambiar y transformarse constantemente, pues no sólo los artistas tienen capacidad creativa. Pero para ser creativo tienes que hacer cosas que no se hacen así habitualmente, aunque sea algo tan en apariencia sencillo como redecorar tu salón. Cuando dejas atrás los caminos trillados, te expones a posibles fracasos y a hacer el ridículo, y esta exposición crea mucha ansiedad en mucha gente.

Lo primero pues para ser creativo es aceptar que el fracaso forma parte inevitable de tus futuros logros. He aquí una frase de Thomas Edison, creador de la bombilla, entre otros muchos inventos: «No he fracasado, sólo he encontrado diez mil soluciones que no funcionan». Ahora recuerda que todos tenemos en el cerebro un sistema de censura particular que filtra determinadas imágenes, recuerdos, pensamientos... ¿Has observado como cuando a veces descubres algo que te gusta lo empiezas a ver en muchos sitios? No es casualidad, es que tu cerebro se está fijando en ello, lo acepta y está preparado para reconocerlo. Para ser más creativo, es decir, para lograr formas de pensar más amplias, tienes que lograr desactivar tu sistema de censura mental, para permitir que entren estímulos nuevos. La gente que no se considera creativa tiene un sistema mental muy rígido, muy cerrado.

- Técnica del «Imagina si...».

  Para fomentar tu creatividad, practica esta pregunta: «¿Y si hubiese ido al espacio, redecorase mi salón, fuese una sirena...?». Cierra los ojos e imagina un paisaje. Descríbelo en detalle: urbano, rural... ¿Quién lo habita, qué hacen, cómo huele? Ahora haz lo mismo para un personaje. ¿Qué cara tiene, cómo se mueve, qué dice, tiene acento, está flaco, musculoso, voz aguda o grave? Sigue con el juego del «¿Y si...?» con un minutero y aplícalo acto seguido a algo de tu vida.

- Diez trucos creativos rápidos:

  - El color azul fomenta el pensamiento asociativo.
  - Cuando estás menos alerta o estás soñando despierto, puedes volverte más creativo.
  - Piensa como un niño, como si tuvieses siete años: tu pensamiento divergente mejorará mucho.
  - El sentido del humor mejora la creatividad.
  - Resuelves mejor los problemas si imaginas que están lejos de ti, en otra ciudad.
  - Sal de tu cubículo: si a tu lado hay un espacio pequeño, tipo caja, mejoras tus soluciones creativas.
  - Vive en una ciudad, o busca estímulos donde vivas: mejoras un 15 por ciento tu capacidad de generar patentes en las ciudades grandes.
  - Cambia de perspectiva: imagina que tienes una profesión, edad o mirada distinta a la tuya habitual.

- Haz algo completamente diferente a lo que sueles hacer que te genere preguntas nuevas.
- Rodéate de naturaleza, aunque sea en la oficina.

También existen otras formas, menos conscientes y deliberadas, de fomentar la creatividad: vamos a descubrir cómo podemos sacar partido creativo incluso a nuestras horas de sueño.

Pon tus sueños a trabajar

- Dime que cuando dormimos no perdemos el tiempo tanto como parece.

  Tranquilo, dormir puede ser muy útil no sólo para sobrevivir físicamente —si no duermes te mueres— sino también para solucionar algunos problemas. Porque cuando dormimos, soñamos.

- ¿Y qué es soñar?

  Pues soñar es simplemente pensar en nuestras cosas en un estado de conciencia diferente. Eso quiere decir que mientras duermes el cerebro sigue centrado en lo mismo que te preocupa cuando estás despierto. Por ello, cuando sueñas puedes descubrir cosas de las que no te das cuenta cuando estás despierto.

- Pero a veces mis sueños parecen tan extraños...

  Es cierto, en un sueño puedes estar corriendo por un laberinto con un libro para dárselo a tu hermano, y cuando llegas no tienes libro ni hermano, y está un vecino raro... Porque cuando sueñas, se activan áreas del cerebro relacionadas con las emociones profundas, con las imágenes visuales y con el movimiento, y en cambio se ralentizan áreas del cerebro relacionadas con la lógica o con lo socialmente apropiado. Así que cuando soñamos, parece que perdemos los papeles.

- ¿Pero eso sirve para algo?

En los años noventa, se empezó a comprobar que soñar sirve para aprender y para mejorar la memoria. Se constató, por ejemplo, con ratas en laboratorios: las pones en un laberinto y, mientras duermen, el cerebro repite la misma actividad cerebral de cuando estaban despiertas; al despertar, las ratas saben recorrer el laberinto mejor. Pero, ojo, ¡soñar también ayuda a veces a solucionar problemas! Porque el cerebro no sólo piensa de forma racional, sino que hay pensamientos de los que no somos conscientes que pueden resultarnos útiles, algo que nuestra mente inconsciente sabe, pero de lo que no nos hemos dado cuenta conscientemente. Para acceder a ese tipo de información, hay que recurrir a la intuición o los sueños.

Me estoy acordando de que músicos como Beethoven o Paul McCartney cuentan cómo se han despertado con canciones en sus cabezas. No sólo ellos, sino innumerables artistas como la escritora que creó mientras soñaba el personaje de Frankenstein, Mary Shelley, o científicos como Mendeleyev, que vislumbró la famosa tabla periódica cuando estaba dormido, o el famoso químico Friedrich August Kekulé, que imaginó, y más tarde probó, la estructura del benceno a raíz de un sueño. Hay cada vez más evidencia de que soñando podemos encontrar soluciones o pistas para resolver nuestros problemas y dilemas. ¿Por qué? Porque cuando sueñas, no te limitan tanto los factores lógicos y familiares. Ves imágenes y asocias ideas de una forma distinta a la lógica del día a día, y eso precisamente puede hacerte más creativo. Así que ahora sabemos a ciencia cierta que podemos sacarle partido a nuestros sueños.

Veamos cómo. A través de una técnica muy sencilla llamada «incubación de sueños», que cada persona puede aplicar en su casa, cualquier noche. Si piensas en determinados problemas o dilemas antes de dormirte, tendrás más posibilidades de encontrar una solución. ¿Cómo?, haciendo esto:

- Piensa en el problema un rato antes de ir a la cama.
- Escribe tu problema o tu duda en una frase corta y pon el papel cerca de tu cama, con un boli y una linterna (luego te digo para qué). Si quieres, también puedes rodearte de objetos relacionados con el problema.
- Ahora intenta visualizar el problema como una imagen concreta, un objeto, porque facilitas la comunicación con la parte del cerebro más visual, más inconsciente. Si no puedes no pasa nada. Y mientras te vas quedando dormido, recuérdate a ti mismo que quieres soñar con ese problema/objeto.
- Cuando despiertes, aunque sea en medio de la noche, quédate en la cama unos minutos antes de levantarte. Intenta recordar lo que has soñado, ve recordando poco a poco más partes del sueño. Apúntalo en el papel, con la linterna si hace falta, para no despertarte de golpe y olvidarlo. Piensa a lo largo del día si lo que apuntas te ayuda a encontrar la solución.

Tenemos una corteza cerebral muy desarrollada: es el lugar desde el cual soñamos, elucubramos, inventamos, decidimos, hablamos. Pero también es el lugar desde el cual tememos, dividimos el mundo en buenos y malos, excluimos, nos proyectamos en un futuro supuestamente peligroso, y así desperdiciamos nuestro talento para la creatividad y la afectividad. Hay que ayudar al cerebro miedoso y reactivo a saber expresar su caudal de energía de forma constructiva.

RUTA 18. CAMINOS DIRECTOS PARA ENCONTRAR LA SUERTE Y ALCANZAR TUS METAS

Puedes cambiar tu suerte...

Acabamos de ver formas de derribar un mito muy perjudicial que trata de convencernos de que no somos creativos. En esta línea de pensamiento erróneo subyace también la idea de que a quienes les va bien son personas simplemente con suerte. Para ilustrarlo, vamos con un ejemplo práctico de cómo funciona la suerte, la verdadera historia de un hombre llamado Barnett Helzberg. Imagina a alguien que ha logrado tener una cadena de joyerías que le reporta unos trescientos millones de dólares al año. Un día, paseando por la calle, Helzberg oye a alguien decir: «¡Señor Buffett!», y piensa que tal vez ese alguien esté llamando a Warren Buffet, uno de los hombres más ricos de Estados Unidos y del mundo. Entonces recuerda que hace unos meses leyó un artículo donde explicaban qué tipo de inversiones realizaba el financiero Buffett. Y se le ocurre que tal vez éste pudiera estar interesado en comprar sus joyerías. Cruza la calle y se presenta. Un año más tarde, Buffett compra la cadena de joyerías de Helzberg.

Ahora traslada esta historia a la vida diaria: esto ocurre mil veces todos los días, no sólo con cadenas de joyerías sino con las pequeñas situaciones que llenan nuestra cotidianidad: las personas que conocemos, los viajes que hacemos, donde trabajamos... Los eventos casuales ejercen una influencia enorme en nosotros y sin embargo tendemos a creer en la suerte. ¿Es por comodidad? ¿Por pereza? ¿Porque tenemos una sensación de impotencia frente a los vaivenes de la vida y la suerte nos ofrece una explicación sencilla?

- ¿Por qué existen las supersticiones?

Nos apoyamos en supersticiones como tocar madera, huir del número 13 o no pasar debajo de una escalera para intentar esquivar la mala suerte y atraer la buena fortuna hacia nosotros. En un estudio realizado en Estados Unidos, un 75 por ciento de las personas participantes en el mismo admitieron que eran supersticiosas en mayor o menor medida. ¿Por qué? Creemos con frecuencia que la buena o la mala suerte pueden cambiar radicalmente nuestras vidas, y eso nos crea mucha incertidumbre y sensación de injusticia. Recurrir a la superstición nos da la sensación de que podemos controlar en cierta medida ese factor misterioso de la suerte con rituales o magia. Pero por mucho que las personas se crucen con gatos negros en su camino, rompan espejos o pasen debajo de una escalera, se ha comprobado en numerosos estudios que los hados no les van a tratar mejor ni peor que al resto. La superstición no funciona.*

* Una noche, en *El Hormiguero*, rompí con un martillo un enorme espejo que saltó en mil pedazos. Temí que si me pasaba algo malo en los días siguientes, esa imagen quedaría grabada en la mente de los espectadores y a muchos les confirmaría la (falsa) creencia de que romper cristales sí trae, al fin y al cabo, mala suerte.

- ¿Qué podemos hacer para cambiar nuestra suerte?

El psicólogo británico Richard Wiseman estudió las vidas de las personas con buena suerte y con mala suerte para intentar comprender qué pasa en cada caso. Puso anuncios en el periódico y reclutó a cuatrocientas personas de edades y profesiones variadas. Los dividió en dos bandos a tenor de sus obras y milagros: los suertudos y los malhadados. ¿En qué bando se sitúa intuitivamente mi lector? Si no estás seguro, atento a lo que viene, que es revelador. Durante diez años, suertudos y malhadados escribieron diarios, contestaron cuestionarios y realizaron tests de inteligencia. Al final, quedó claro que su comportamiento y sus pensamientos justificaban en gran medida la suerte que arrastraban.

En uno de los experimentos más gráficos que se llevaron a cabo durante esta investigación, todos recibieron un periódico del que tenían que contar las fotografías. Los suertudos tardaban unos segundos y los del bando de la mala suerte, dos minutos. ¿Por qué? En la segunda página del periódico había un anuncio enorme que decía: «En este periódico hay 43 fotografías. Deja de contar». Estaba allí a la vista para todos, pero los suertudos tendían a fijarse en el anuncio y los de la mala suerte, no.

Había un segundo anuncio en ese periódico: «Deja de contar. Dile al investigador que has visto este anuncio y te dará 250 euros». La mayoría de los del bando de la mala suerte no se fijaban siquiera en el anuncio porque estaban obsesionados contando fotografías.

De hecho, sabemos que la gente que dice tener mala suerte está más tensa y ansiosa que la suertuda. Y es que la ansiedad nos impide abrirnos al mundo, fijarnos en lo inesperado. Cuanto más te empeñas en encontrar algo concreto, menos percibes, porque tu cerebro se centra sólo en lo que buscas. Así que pierdes oportunidades. Te pasa cuando vas a una fiesta empeñado en encontrar a la pareja perfecta: probablemente no la encuentres, pero es que además no intentarás siquiera hacer amigos. Sería más productivo ir a las fiestas no sólo abierto a la posibilidad de descubrir allí a tu media naranja sino también firmemente decidido a disfrutar conociendo a muchas personas que podrían resultar divertidas o interesantes, por ejemplo, a todas aquellas que lleven algo rojo. ¡Sistematiza tu suerte, provócala!

- Detrás de la buena suerte hay cuatro grandes principios:
  - *Fíjate y crea oportunidades.* Las personas suertudas buscan activamente las oportunidades, y para ello incluso crean posibilidades de que pase algo distinto. Por ejemplo, algo que ya hemos mencionado anteriormente: cuando van a una fiesta, deciden que van a hablar con todas las personas que lleven un color determinado. O si pasean por el parque, toman de vez en cuando caminos distintos para ver qué descubren. Esto mejora las posibilidades de que algo diferente se cruce en tu camino. Piénsalo: es muy fácil agotar las posibilidades en tu vida, porque ves siempre a las mismas personas, dices las mismas cosas, vas a los mismos sitios, más o menos. Pronto ya no queda casi nada nuevo para ti. Pero si provocas situaciones distintas, se presentarán nuevas oportunidades. ¡Eso es la suerte! Para tener una vida con suerte, crea oportunidades y fíjate en las posibilidades.
  - *Mira las cosas desde un punto de vista optimista.* Es el clásico del vaso medio lleno o medio vacío:

imagina que estás en un banco, entra un ladrón con una pistola y te dispara en el brazo. Las personas que tienen mala suerte tienden a pensar que el evento ha sido terrible. Las personas con buena suerte piensan que han tenido suerte de que el disparo les llegue al brazo, y no a la cabeza o al corazón. Pensarán incluso que si se espabilan podrían vender la historia a un periódico o escribir un guión. La realidad es la misma, pero su comportamiento y sus pensamientos frente a la realidad son los que cambian. Las personas con buena suerte tienen capacidad para sobreponerse, en vez de obsesionarse con los reveses de la vida.

- *Las personas con buena suerte toman decisiones de forma intuitiva.* Para ello, dejan que su cerebro relacione elementos aparentemente dispares, como el financiero Buffett con la compra de las joyerías, y confían en ese impulso.
- *Las personas con buena suerte tienen expectativas optimistas.* Estas personas creen que les van a pasar cosas buenas y tienden por ello a estar centrados en encontrarlas y a recordarlas por encima de todo.

¿Qué puedo hacer para cambiar o mejorar mi suerte? ¡Únete a la escuela de la buena suerte! El psicólogo Richard Wiseman, a raíz de sus investigaciones, ideó otro experimento que llamó la «escuela de la buena suerte». Cualquiera puede apuntarse a ella. Imaginemos pues que estamos en un aula donde nos enseñan a tener más suerte, es decir, a pensar y a comportarnos como personas con suerte. En el experimento de la escuela de la suerte de Wiseman, las personas que participaban aplicaban los cuatro principios de la buena suerte durante un mes. Los resultados fueron increíbles: el 80 por ciento de los participantes mejoraron su suerte de forma radical (los que tenían mala suerte tuvieron suerte, y los que ya tenían buena suerte tuvieron incluso mejor suerte).

Piénsalo: es muy fácil agotar las posibilidades en tu vida porque tiendes a ver siempre a las mismas personas, a ir a los mismos sitios. Pero si provocas situaciones distintas, se presentan nuevas oportunidades. ¡Eso es suerte! Aunque sea tentador dejarlo todo en manos de la suerte, pensar que las cosas han de ocurrir por si solas, la verdad es que muchas están en nuestras manos. ¿Qué oportunidad has buscado y has encontrado hoy? Allí fuera, esas oportunidades están esperando a que nos fijemos en ellas, a que les hagamos un lugar consciente para que puedan ayudarnos a transformar nuestras vidas a mejor.

Secretos definitivos para cumplir tus sueños

En un estudio que se hizo con cinco mil personas para saber cuántas cumplen sus sueños, sólo un 10 por ciento dio un resultado positivo. ¿Por qué tan pocas? Básicamente, porque no tenemos un plan maestro que nos guíe, porque nos falta un sueño; y porque aunque tengamos este sueño, no nos enseñan técnicas eficaces para cumplirlo.

- ¿Cuál es tu sueño?

Desde que nacemos, nos entrenan para hacer lo que hace todo el mundo, y a la vez para convencernos de que hay muchas cosas que somos incapaces de hacer. Es como un proceso de descarte en el que se nos dice:

«Tú no vales para esto, ni esto, ni esto, ni esto...». Lógicamente, nos lo creemos porque nos lo dicen personas —familiares y maestros —que están intentando protegernos. ¿Por qué desconfiar de ellos? A ellos les hicieron lo mismo, porque la creencia generalizada es que educar es enseñar a las personas a aceptar sus propias limitaciones. Educar podría ser en cambio ayudar al niño a descubrir y potenciar sus múltiples talentos. Imaginad si de pequeños nos hubiesen dicho: «Hola, ¡bienvenido a la Tierra! Eres un ser único, irrepetible. ¿Qué traes de especial? ¿Cuál va a ser tu regalo para nosotros? ¿Cuál es tu sueño?». Pensad cómo sería crecer y vivir si esa pregunta estuviese muy presente en nuestras vidas. De entrada, ganaríamos mucho tiempo: iríamos directos a nuestras metas, a cumplir nuestros sueños. Además, aprenderíamos sin necesidad de sufrir inútilmente: buscaríamos sin rodeos lo que nos va bien de verdad y ocuparíamos nuestro lugar en el mundo de forma mucho más natural y segura. Estaríamos aquí, bien presentes, en vez de mostrarnos dudosos y resignados.

La realidad suele ser que vamos como una botella de plástico tirada en un río, sin rumbo fijo: a ver dónde caigo, a ver qué hago con mi vida, a ver si tengo suerte y esto duele lo menos posible. Parece que los sueños son para los ilusos, o para los afortunados, o para los héroes. En realidad perseguir un sueño da sentido y fuerza a la vida de las personas. Son hechos comprobados: cuando las personas tienen sueños que guían sus vidas, son más felices y consiguen más metas. Esto tiene un impacto en el cerebro: cuando consigues una meta generas dopamina, que te da sensación de placer. Y a la vez, la dopamina activa los circuitos del cerebro que te dan ganas de marcarte nuevas metas.

Las metas, y los sueños que las inspiran, te dan un foco, un plan a largo plazo sin el cual puedes perderte y perder el tiempo. En una palabra, ayudan a ser productivo y nos motivan.

El sueño que guía tus metas puede ser muy sencillo, muy discreto, muy diferente, muy corriente. No importa. Lo importante es tenerlo.

- Si tengo claro cuál es mi sueño, el lugar que quisiera ocupar en el mundo, ¿con esto ya es suficiente? ¿Qué puedo hacer para llevarlo a cabo, para cumplirlo?

Las personas que cumplen sus sueños y sus metas (ese escaso 10 por ciento) suelen hacerlo utilizando al menos algunas de estas cinco técnicas:

– *Dividen su sueño en una serie de submetas, temporalizadas y muy concretas.* Esto es como trazar una escalera con tus planes a largo plazo, muy bien organizados. Aquí es importante recordar que hay que tener un método para cumplir los sueños, para poder transformarlos en metas concretas y claras. Y de hecho, dicen los expertos que hacen falta al menos diez mil horas de trabajo para ser competente en algo, tocar bien un instrumento, alcanzar un buen nivel en un deporte, lo que sea... Conseguir los sueños también es cuestión de disciplina y de no venirse abajo.

– *Cuentan sus planes a amigos, familiares y colegas.* Tenéis que ser un poco bocazas, tener algún cómplice, alguien positivo a quien contar vuestro sueño, porque nos esforzamos más cuando contamos nuestros objetivos a personas que nos importan y a las que no queremos defraudar, y que sabemos que van a apoyarnos.

- *Recuerdan regularmente los beneficios que estas metas van a traer consigo.* Aunque se centran en subir cada escalón a un tiempo, no olvidan el sueño a largo plazo que les inspira.
- *Cada submeta alcanzada merece un premio, por modesto que éste sea.* La moraleja de esta técnica es que es importante disfrutar del camino.
- *Plasman sus propuestas de forma gráfica*, en un diario, con dibujos o con esquemas, y lo ponen en un lugar visible como una nevera o un marco de fotos para no olvidarlo.

Todos podemos conseguir nuestros sueños.* Existen miles de ejemplos que prueban que una persona puede lograr retos importantes con el viento en contra. Vidas difíciles plagadas de enfermedades, muertes, soledad... Detrás de tantas vidas aparentemente exitosas hay historias difíciles, historias de superación de obstáculos. A veces, es precisamente de estos obstáculos de los que nace la fuerza de las personas para transformarlos en algo positivo.

* Un caso extremo —que mostramos en *El Hormiguero*— es el de Nick Vujicic, un australiano de veintinueve años que nació sin ambos brazos ni pierna derecha. Tan sólo tiene un pequeño pie con dos dedos sobresaliendo de su muslo izquierdo. Su vida ha estado llena de dificultades. Sufrió acoso en el colegio y con ocho años comenzó a plantearse el suicidio. Más tarde, Nick observó que sus logros eran la inspiración de muchos y fundó Life Without Limbs, una organización para personas con discapacidad física. (www.lifewithoutlimbs.org)

CAPÍTULO SIETE

UNA MOCHILA PARA EL UNIVERSO

Códigos para descifrar y transformar tu vida

Aunque todavía no he podido leerlo, me encanta el título de un libro de Albert Espinosa: *Si tú me dices ven lo dejo todo... pero dime ven.* Asegura el autor que se lo sugirió una señora mayor a la que conoció en una tienda, que le advertía del peligro de dejar pasar la existencia mirando desde la orilla, sin atreverse a lanzarse de cabeza. Me gusta que alguien que acumula mucha experiencia me confirme lo que siempre he sospechado: que la vida le pasa factura a los indecisos y a los miedosos.

¿Por qué esperamos que los sucesos vengan a nosotros en vez de adelantarnos y tomar la iniciativa? Sospecho que, más que por pereza, es sobre todo para evitar rechazos y vergüenzas. Pero con los miedos y las vergüenzas se escapan también por el desagüe casi todas las cosas inesperadas y divertidas, las oportunidades y los encuentros insospechados. En fin, la vida que fluye y lo transforma todo cuando no nos atrincheramos. De hecho, los estudios sugieren que al final de nuestros días nos arrepentiremos más por lo que *no* hemos hecho, que por lo que *sí* nos atrevimos a hacer, aunque salga mal. Cuidado pues con darle una importancia exagerada a la equivocación y al rechazo, a protegerse de sus pequeños zarpazos como si fuese en ello nuestra supervivencia.

Esto no le pasa a mi duendecillo Tici, que con la frescura de sus seis años y un sentido aún limitado del ridículo y del peligro se cae y se levanta varias veces cada día, a menudo con lagrimones y lamentaciones, pero siempre con el deseo incontenible de comerse la vida a bocados, de comprenderla, de catalogarla, de colonizarla. Lo de Tici es normal, porque cuando nacemos traemos dos encargos urgentes: desarrollar nuestra capacidad de amar y alimentar nuestra curiosidad desbordante por el mundo que nos rodea. Sólo envejecemos de verdad, por dentro, cuando dejamos de amar y de sentir curiosidad. Suele ocurrir cuando nos empeñamos en construir laboriosamente respuestas artificiales y rígidas para poner coto a la fluidez mareante de la existencia, cuando dejamos de descubrir, de arriesgar y de aceptar, incluso, el fracaso. Entonces nos inquietamos, nos comparamos y nos lamentamos exageradamente. Podemos intentar paliarlo con fármacos, pero son un pobre sustituto para las ganas de vivir.

El abuelo de Tici lo llama, desde que yo era pequeña, «la infinita capacidad de la gente para hacerse infeliz». Ése es un mal que no parece afectar a mi pequeña, que acaba de despertarse y ya se ha instalado sobre mi cama. Canturrea y charla a mi lado, entremezclando preguntas dispares acerca de monos y nacionalidades, todo ello puntuado con una versión casera de la canción de Bob Esponja aderezada de unos ingeniosos versos especiales dedicados a Patricio. Es domingo, son las ocho de la mañana y no me resulta fácil seguirla. «¿Sabes que cuando Patricio se pelea con Bob Esponja es más inteligente?», afirma con las cejas levantadas. Me cuesta creerlo, pero ella está claramente convencida de ello. Y es probable que tenga razón: la vida, aunque estalle con brusquedad, necesita movimiento para seguir fluyendo, para poder ser precisamente vida, y no una espera estéril. Abro la boca para explicárselo, pero mi duendecillo ya me ha dejado atrás y me presenta nuevos retos por resolver. «¿Sabes cómo se llama a un gorila con un plátano en cada oreja?», pregunta mirándome fijamente. Trato de aventurar una respuesta y de nuevo llego tarde: «Da igual como le llames, ¡no puede oírte!», exclama con una carcajada. A veces creo que practica la curiosa hazaña de hablar sin respirar, aunque más que hablar parece que zumba como uno de esos abejorros grandes y rayados que tanto le gustan. ¿Será ése su secreto?

Al fin surgen unos segundos de silencio y luego su vocecita de nuevo: «¿Como se dice "continuará" en inglés?». «*To be continued*», sentencio yo con un secreto suspiro de alivio. Ella se me queda mirando perpleja, intentando repetir mentalmente las palabrejas incomprensibles que acabo de pronunciar. Al cabo de unos segundos veo en su carita que las da por imposibles. «¡Pues eso!» concluye sin darle la menor importancia, mientras salta de mi cama rumbo a la vida.

Ruta 19. Abrirse paso en la maleza

Cuando crecemos abiertos a lo que nos rodea, sin cargar con un exceso de miedos y con la curiosidad despierta y activa, nos exponemos a que el bombardeo de la vida, al que nos lanzamos a corazón abierto, nos pase factura. También nos arriesgamos a lo mismo si por el contrario soportamos existencias parapetadas pero que carecen de emoción y de intensidad, si nos sentimos desconectados de los demás, si pensamos que nuestro trabajo diario no aporta nada al resto del mundo, si no tenemos tiempo para disfrutar de nuestras aficiones o si no nos sentimos apreciados y respetados por nuestro entorno. Todas ellas son formas de medir el impacto del estrés en nuestras vidas.

El estrés es la manera física y emocional con que respondemos a las presiones del día a día, las positivas y las negativas. Cuando nos estresamos ante cualquier evento que reclama nuestra atención, generamos una química que nos da fuerzas y energía. Por ello el estrés no tiene por qué ser negativo: es una respuesta natural que sólo se torna maligna cuando nos sentimos impotentes y frágiles ante lo que nos ocurre.

Vivimos una época donde nos dicen que el estrés se está disparando por razones diversas. La presión casi constante que caracteriza las últimas décadas, en un entorno cada vez más rápido, fluido e incierto es más que propicia para disparar el estrés. Sin embargo, cada época ha tenido sus exigencias y no podemos escudarnos en nuestro entorno para justificar los estragos del estrés en nuestra salud física y emocional. Debemos modificar esas circunstancias en la medida de lo posible, por supuesto, pero también podemos integrar en nuestros sistemas sociales y educativos claves que nos permitan dotarnos de recursos para protegernos ante realidades estresantes.

¿Qué puede ayudarnos a gestionar el estrés? Analicemos gestos y comportamientos concretos que nos ayuden a abrirnos paso cuando nos asalten en ruta los peligros de un entorno acelerado y complejo.

La gestión del estrés

De entrada destruyamos un mito: no podemos librarnos del estrés maltratando cojines o chillando. Cuando destrozas objetos o sacudes cojines —siguiendo el método que llaman de *catarsis*, en el que intentas «soltar» toda la frustración que encierras dentro como si fueses un volcán—, de entrada te sentirás mejor, pero también estarás consolidando en cuerpo y mente los sentimientos negativos, con su carga química, que te estresaron al principio.

Como una pescadilla que se muerde la cola, la catarsis por sí sola no te ayudará a salir del bucle de las emociones negativas porque éstas se retroalimentan a sí mismas.*

- Un momento, porque de entrada reconozco que a mí me gusta bastante estar estresado.

  Tienes toda la razón. Ya hemos explicado que el estrés es una reacción normal del cuerpo, un subidón mental y fisiológico para que te pongas en guardia y estés alerta, como cuando cruzas una calle y tienes que fijarte en si viene un coche. Necesitamos un cierto nivel de estrés para estar alertas.

- Entonces, ¿cuál es el problema?

  El problema es que si no sabes gestionar el estrés, lo padecerás cuando no te hace falta. Te lo voy a explicar con este ejemplo fantástico: imaginemos una cebra que pasta tranquilamente junto al resto de la manada en la sabana africana.** Mira cómo se extienden los pastos amarillos y verdes, y se pierde la mirada en el horizonte. De repente en una esquina aparece una leona. ¿Qué hace la cebra? Lógicamente, huye de inmediato con todas sus fuerzas y, si está sana y es adulta, es muy probable que logre burlar a su perseguidor, ya que suelen caer los animales más débiles, los que están enfermos o por edad son más lentos.

Durante su carrera para salvarse, a la cebra le pasa lo mismo que a cualquiera de nosotros ante un peligro: sufre un estrés agudo y una descarga de cortisol que

* En la ruta 9 encontrarás ideas para borrar el mal humor en noventa segundos.

** Buscando «HD: Lioness hunts Zebra» en YouTube puede verse.

bloquea o ralentiza todas las funciones corporales innecesarias en ese instante: ya no tendrá hambre, no sentirá dolor, interrumpe la digestión porque la sangre se va a los músculos para huir, le sube el azúcar y la adrenalina en la sangre para darle energía, los músculos se tensan, respira precipitadamente para que entre mucho oxígeno, las pupilas se dilatan y todos sus sentidos están centrados en detectar los movimientos de la leona. Durante unos minutos la cebra estará completamente obsesionada con esa leona y sufrirá una cascada química de adrenalina, dopamina, cortisol, noradrenalina y endorfinas, necesarias para ayudarle a zafarse de la muerte. Este proceso físico y emocional es agotador para el cuerpo y la mente, pero es imprescindible para la supervivencia.

- Esto es muy bonito, pero ¿qué tengo yo que ver con una cebra?

Te sorprenderías. De entrada, éste es el mecanismo con el que la naturaleza nos ha dotado a todos los seres vivos para poder agredir o huir ante el peligro. En esto, las cebras y los humanos reaccionamos igual. En la sabana ante una leona, en la calle frente a un coche a punto de atropellarte o cara a cara con un atracador, tú también saldrías corriendo como una cebra y, si no pudieses huir, te enfrentarías agrediendo con todas tus fuerzas.

Parece sensato, sí, es un mecanismo magnífico para las cebras, pero pasado el primer susto los humanos no lo hacemos exactamente igual. Nosotros, al menos en nuestras ciudades occidentales, no tenemos leonas que nos persigan, y sin embargo convivimos con nuestros propios peligros y amenazas: peleas en casa, problemas en la empresa, preocupaciones por la salud de nuestros seres queridos y por el bienestar de nuestros hijos... A veces estas preocupaciones obedecen a algo real, porque la vida no es un camino de rosas. ¿Pero sabes lo que es realmente preocupante? Que tanto si son reales como imaginarias, nuestras preocupaciones no desaparecen como la leona, sino que siguen allí, agazapadas en nuestras mentes, y se manifiestan a través de los cambios fisiológicos que hemos descrito, tan típicos del estrés. A la larga esto nos agota y nos desgasta en cuerpo y mente. La cebra, en cambio, si ha salvado la vida, tras recuperar el aliento y una vez reunida de nuevo la manada, volverá a pastar plácidamente hasta el próximo susto, o sea que recupera enseguida sus funciones corporales normales y no pensará en la leona hasta que ésta vuelva a aparecer.

- ¿Por qué no somos como las cebras y aprendemos a relajarnos cuando pasa el peligro?

Recordemos que los humanos nacemos dotados de una capacidad para imaginar espléndida. La imaginación bien encauzada nos permite ser creativos, pero si la ponemos al servicio del cerebro programado para sobrevivir alimenta y exagera nuestros temores a no poder salir adelante. Son las dos caras de la imaginación humana. Así que la cebra, que tiene poca capacidad imaginativa, olvida el peligro cuando éste desaparece, mientras que los humanos lo tememos aunque no esté frente a nosotros. Y atentos, porque ahora viene lo peor: Robert Sapolsky, de la Universidad de Harvard, ha comprobado a lo largo de muchos años estudiando los efectos del estrés que cuando tenemos miedo, aunque sea sólo imaginario, nos desgastamos prácticamente tanto, física y mentalmente, como si lo que tememos nos estuviese ocurriendo en realidad.*

* Robert Spolsky, *¿Por qué las cebras no tienen úlcera? La guía del estrés*, Alianza, Madrid, 2006.

- ¿Así que sólo con imaginar un peligro me hago daño a mí mismo?

Exactamente. Por eso el estrés, que afecta a casi dos de cada tres personas en Europa, es un problema serio, con implicaciones graves. El cuerpo tiene recursos limitados y, si lo sobrecargas con preocupaciones y esfuerzos mentales y físicos, lo agotarás y posiblemente enfermes y padezcas cuadros de ansiedad, irritabilidad, dolores de cabeza, insomnios, sudores, palpitaciones, tensión muscular, problemas cardiacos o cualquiera de las enfermedades crónicas asociadas al estrés, debido probablemente, como se está estudiando ahora, a una alteración de la respuesta inflamatoria, y por tanto debilitamiento del sistema inmunológico, debido al exceso de cortisol secretado por el cuerpo en situaciones de estrés.* Tu calidad de vida empeorará entonces de forma notable.

- ¿Qué es lo que más nos estresa?

Recuerda que el estrés no es algo que te ataca desde allí fuera, como una leona. Es tu reacción ante lo que te

* Un estudio reciente, realizado por un equipo de la Universidad Carnegie Mellon, de Pittsburg (Estados Unidos), publicado en la revista *Proceedings of the National Academy of Sciences (PNAS)*, apunta que la responsable de las enfermedades es una alteración de la respuesta inflamatoria derivada del estrés. Los autores llevaban un tiempo estudiando el impacto del estrés en el organismo y habían demostrado que está asociado con un aumento del riesgo de tener un resfriado entre aquellas personas expuestas a un virus respiratorio. Según el profesor Sheldon Cohen, principal investigador del estudio, la conclusión más relevante del trabajo es que «en situaciones de estrés, las células del sistema inmune son incapaces de responder al control hormonal, y consecuentemente, producen niveles de inflamación que conducen a una enfermedad».

rodea. Aunque no puedas cambiar radicalmente el entorno, al menos puedes gestionar cómo reaccionas. En principio cualquier circunstancia vale para estresarnos, pero existen inventarios que puntúan los cuadros típicos que suelen provocarnos estrés y que predicen qué posibilidades tenemos en un plazo de dos años de padecer una enfermedad asociada al estrés si sufrimos cualquiera de estas situaciones. Fíjate en si alguna de las potencialmente estresantes te ha pasado a ti y recuerda cómo has reaccionado ante ella, porque te dará una clave importante acerca de tu capacidad de gestionar el estrés. Los primeros puestos de esta lista los copan algunas de las situaciones más estresantes:

- la muerte de seres queridos
- el divorcio
- el encarcelamiento
- una enfermedad grave
- el matrimonio
- el contrato de una hipoteca costosa
- no poder pagar la hipoteca
- la pérdida de empleo
- la jubilación
- que se vaya un hijo de casa
- problemas con los parientes políticos
- empezar o acabar la escuela
- cambiar de trabajo
- tener problemas sexuales
- tener hijos
- tener problemas con el jefe
- cambiar de casa

Además, otros muchos eventos, corrientes y recurrentes, como la Navidad, pueden estresarnos (lo hemos visto en la ruta 5). Hasta las vacaciones pueden ser una fuente de agobio. En resumen: la vida es estresante si no te sientes capaz de gestionarla. Y ya sabes, lo preocupante no es que te pueda pasar de verdad algo malo, es que sólo con temerlo, con imaginarlo, ya te estás dañando en cuerpo y mente.

- ¿Podemos evitar estresarnos sin necesidad?

Claro que podemos. Hemos indicado que si estás enfadado o estresado es mala idea ponerte agresivo, es decir, utilizar el método de la catarsis. Lo que puedes hacer es no dejar que el enfado siga hirviendo y dejar que el agua se enfríe. ¿Hasta cuándo? Hasta que se te pasen las ganas de hincarle el diente al búfalo o al que te haya puesto nervioso. No tires platos contra la pared, no des portazos, no chilles a tus hijos: dañas a los demás y encima refuerzas tus sentimientos agresivos. Hay una excepción: puedes pegar un grito si estás solo y no asustas a nadie, ya que eso genera endorfinas, que son un anestésico y te harán sentir mejor durante unos segundos. Pero es sólo una salida de emergencia, porque en general no queremos alimentar la química del estrés y mantenerte alerta, sino que te calmes para que puedas pensar serenamente y encontrar salidas constructivas.

- Pues al grano, enumeremos salidas constructivas al estrés.

Si la frustración no es demasiado importante, la aliviarás haciendo algo que sea incompatible con estar enfadado: por ejemplo ver una película cómica, jugar con un cachorrito, hacer ejercicio, pasar la tarde con amigos o hacer un crucigrama difícil. Se trata de reemplazar las emociones que te están estresando por otras del signo opuesto. Esto es muy eficaz porque hay emociones que son incompatibles, como la rabia y la alegría, de modo que si generas una apartas la otra.

- La técnica de los beneficios.

Si padeces un estrés más agudo, vamos a ver una técnica sencilla y eficaz para reducir tu resentimiento en unos pocos segundos. El método procede de la Universidad de Miami y se llama «técnica de los beneficios»; su finalidad es hacerte pensar en qué cosas positivas puedes extraer de lo que te ha molestado o hecho daño. Por ejemplo, ¿has descubierto que eres más fuerte?, ¿aprecias más que antes algún aspecto de tu vida?, ¿has aprendido a comunicar mejor tus sentimientos?, ¿te has librado de una mala relación?, ¿eres más compasivo o más comprensivo?, ¿has mejorado la relación con la persona que te ha hecho daño? Abundan los estudios que afirman que una de las maneras más rápidas y seguras de sobreponerse a las malas experiencias es encontrarles un sentido, poder encajarlas en tu «guión» de vida. Pruébalo, verás que es muy eficaz.

- Dale una salida constructiva a tu imaginación.

También podemos utilizar conscientemente el potencial de la imaginación para generar sensaciones y emociones positivas. La imaginación puede ser una herramienta de relajación y bienestar, y sus efectos terapéuticos se han demostrado ampliamente: el latido cardiaco y la respiración se calman, el consumo de oxígeno desciende hasta un 20 por ciento, bajan los niveles de lactato en sangre (los mismos que suben ante el estrés y el cansancio), la resistencia de la piel a las corrientes eléctricas es hasta cuatro veces más alta (ésa es una señal de relajación) y se incrementa la actividad alfa del cerebro (otra señal de relajación). Así que cierra los ojos e imagina algo que te haga sentir bien, o practica nuestra técnica del anclaje emocional positivo, que puedes repasar en la ruta 9.

Un último truco sencillo basado en la relación entre cuerpo y mente: como el estrés mental se manifiesta claramente en el cuerpo, relájate físicamente con un simple masaje de la mandíbula. Con los cuatro dedos (todos menos el pulgar) de cada mano, masajea el área de las sienes en círculos suaves durante un minuto y luego otro minuto en toda la mandíbula. Respira profundamente para soltar tensión.

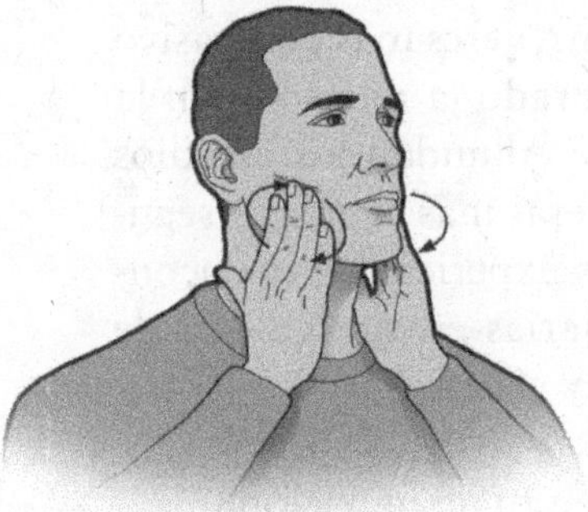

Gestionar el mundo cambiante y fluido que nos rodea es uno de los grandes retos a los que nos enfrentamos a diario. Otra característica de nuestra época, tal vez ligada a este entorno estresante, es que se han multiplicado vertiginosamente las posibilidades de elegir en cualquier ámbito social, personal o profesional.

La paradoja de elegir: más es menos

Tendemos a pensar que si tenemos un mayor abanico de elecciones somos más libres, y que ese tipo de libertad nos hace necesariamente más prósperos y más felices. Una de las características de nuestra época es que las posibilidades de elegir cómo, dónde y con quién queremos vivir nuestras vidas se han disparado. Por ello nos parece que forma parte del progreso que en los supermercados, los cines, las librerías, los centros comerciales, los restaurantes, las tiendas e incluso en nuestra vida sentimental y social, más es mejor.

Hasta hace relativamente poco las personas no tenían ni una fracción de la capacidad de elección que tenemos hoy en día. Y no sólo porque cuando acudían al supermercado no hubiese literalmente docenas de salsas para aliñar una ensalada, sino porque sus vidas transcurrían en compartimentos mucho más estancos: la pareja duraba para casi todos hasta la muerte y el trabajo era algo que la mayoría desempeñaba de forma estable y en un horario concreto. Comparemos esto con lo que pasa hoy en día: nos enfrentamos a la tentación de cambiar de pareja más de una vez a lo largo de nuestra vida y la tecnología que nos acompaña a cada minuto hace posible elegir trabajar a deshoras porque estamos constantemente conectados. Podemos por tanto decidir cambios sobre la marcha a cada momento. Incluso nos hemos acostumbrado a dividir nuestra atención cuando estamos realizando una tarea: podemos ver jugar a nuestros hijos y contestar correos al mismo tiempo, y tenemos que decidir sobre la marcha si queremos hacerlo y por cuánto tiempo. Hemos pasado de no poder elegir nada a elegir todo el tiempo.

- ¿Es bueno poder elegir todo el tiempo?

En principio debería serlo, pero hay que tener en cuenta cómo reacciona el cerebro humano ante las elecciones. Imagina por ejemplo que entras en una agencia de viajes y que dudas entre ir a París, a Nueva York o a una casa rural en la sierra. En general cada elección que hacemos, incluso algo tan sencillo como si quieres desayunar cruasán o tostada, implica una pérdida, o tal vez muchas. Cuando eliges, es fácil pensar en todo lo que has perdido en vez de centrarte en lo que has ganado: si quiero disfrutar de los rascacielos de Nueva York, renuncio a los museos de París; y si me voy a París, doy la espalda a hacer senderismo en la sierra. Y cuando estés paseando por tu destino elegido te preguntarás, ¿me habré equivocado?

- Cuidado con la «escalada de expectativas».

La situación empeora si tu elección resulta no darte el placer que anticipabas, ya que el exceso de oferta a la hora de elegir entraña un peligro concreto que se llama «escalada de expectativas». Barry Schwartz, un prestigioso investigador del Swarthmore College en Estados Unidos, lo explica con este ejemplo: si cuando voy a comprar un pantalón vaquero sólo hay un par de modelos, como pasaba hasta hace unos años, me probaré los dos y tomaré una decisión relajada. Mis expectativas serán modestas y resultará fácil que esté satisfecho con mi compra. Pero si tengo que elegir entre una multitud de colores, estilos y formas diferentes, mis expectativas escalan porque creo que debería encontrar un vaquero perfecto para mí. Si tras probar varios me llevo un vaquero con el que me siento a gusto, pero no maravillosamente bien, pensaré que la culpa es mía. El problema es que esperaba demasiado de ese pantalón. Cuando tienes expectativas altas, la realidad casi nunca puede estar a la altura y sueles sentirte decepcionado. En cambio si nuestras expectativas son modestas es probable que la vida real pueda mejorarlas.

- ¿Y si le dedico mucho tiempo a cada decisión para no equivocarme?

Efectivamente, algunas personas retrasan la toma de decisiones porque no soportan cerrar puertas... pero eso tiene el peligro de que al final termines dejándote llevar por las circunstancias sin atreverte a tomar una decisión de verdad. Es preferible sin duda aprender a tomar decisiones con eficacia.

- ¿Cómo tomamos nuestras decisiones?

  Descubre si eres un maximizador o un optimizador. En general tomamos las decisiones de dos formas distintas:*

  – Los Maximizadores: si eres un maximizador, tu lema es «quiero lo mejor». Eso implica que quieres el mejor compañero sentimental, el mejor trabajo, la mejor casa, los mejores hijos, el mejor coche, el mejor cereal para desayunar, el mejor vaquero. Generalmente, tu definición de lo que es mejor tiene mucho que ver con aquello a que los demás atribuyen tal cualidad: el trabajo mejor pagado, la mejor marca, lo más difícil de conseguir.

  – Los Optimizadores: si eres un optimizador, tu lema es «quiero algo lo suficientemente bueno». Puede que tengas aspiraciones elevadas o modestas, depende de cada persona, pero lo importante para ti es conseguir algo que encaje en tus necesidades concretas. ¿Quieres un coche familiar donde quepa tu bicicleta y que gaste poca gasolina? Cuando encuentres un modelo adecuado, dejarás de buscar y comparar, y disfrutarás de tu elección sin amargarte pensando que tal vez podías haber hecho una elección mejor.

De estudios efectuados en Estados Unidos para saber qué tipo de personas toma las mejores decisiones se desprende lo siguiente: los maximizadores buscan su primer empleo con sumo cuidado. Quieren «el mejor trabajo posible» y emplean muchas energías buscándolo. Tardan más tiempo que los optimizadores en revisar

* El investigador Barry Schwartz acuñó estos términos en inglés: *maximizers* y *satisficers*, literalmente «maximizadores» y «satisfactores».

sus opciones y consiguen de media unos setenta y cinco mil dólares más de sueldo. El problema es que no suelen lograr acallar la duda de que ése era, efectivamente, el mejor trabajo. Por ello, muchos maximizadores sienten que no están donde deberían porque siempre parece que hay algo mejor a lo que podrían aspirar. Vivir sintiendo que no estás donde deberías estar, que no perteneces a ningún lugar, es muy frustrante. Por ello los maximizadores tienden a estar menos satisfechos con sus vidas, a ser menos optimistas y a tener una autoestima más baja. También suelen ser más perfeccionistas, se arrepienten de más actuaciones y tienen una tendencia mayor a la depresión. En todas las dimensiones psicológicas importantes, los maximizadores puntúan peor que los optimizadores.

¿Son conformistas los optimizadores? Así los describiría más de un maximizador, pero nada más lejos de la realidad: las metas de un optimizador pueden ser exigentes o laxas, sus expectativas modestas o ambiciosas; en eso no se distingue del maximizador, sino en su capacidad de sentirse satisfecho con sus elecciones, al margen de la opinión de los demás. Hace falta una sólida personalidad y una buena autoestima para elegir como un optimizador. Tal vez por ello, si se equivocan en su elección, los optimizadores no se vienen abajo sino que sacan partido a sus experiencias e intentan aprender la lección para mejorar la próxima vez. Es decir, que tienen una actitud más constructiva que los maximizadores frente a la adversidad.

La paradoja de elegir es que la libertad para hacerlo puede ser buena y mala. Las investigaciones muestran sin lugar a dudas que si no tienes ninguna capacidad de elección la vida es muy dura. Cuando dispones sólo de algunas alternativas, tu vida mejora y las posibilidades de que puedas sentirte decepcionado por tus decisiones siguen siendo bajas. Ahora bien, a medida que crecen las opciones, las posibilidades de que te sientas defraudado se disparan. Ello quiere decir que el exceso de alternativas para elegir tiene un precio alto, y por ello aseguran algunos expertos que un abanico demasiado amplio no compensa.

- La abundancia no es tener mucho, es tener suficiente.

  A día de hoy la abundancia en la elección no puede evitarse, ya que es una de las señales de identidad de nuestras sociedades de consumo. Pero de nuevo, como ante cualquier elemento estresante, sí que podemos elegir cómo reaccionamos. De entrada podemos aprender una lección importante que se deriva de las investigaciones sobre la toma de decisiones: la abundancia no es necesariamente tener mucho, sino tener suficiente. Curiosamente, cuanto mayor eres, más posibilidades tienes de convertirte en un optimizador satisfecho en tu forma de enfrentarte a muchas elecciones diarias; y ésa es una lección que los humanos podemos aprender a cualquier edad.

- ¿Cómo sé qué es suficiente para mí?

  Barry Schwartz sugiere algunas técnicas:

  – Aunque tiendas a ser un maximizador, todos actuamos como optimizadores en algunas decisiones de nuestra vida. Piensa en algún momento en el que has elegido algo y has sentido que ese algo era suficiente. Recuerda esa sensación y piensa cómo puedes trasladarla a otros ámbitos de tu vida.
  – Renuncia a probarlo todo por ti mismo y confía para algunas decisiones en personas que ya han tomado esas mismas decisiones. La colaboración

es importante para ahorrar tiempo y ansiedad en la toma de decisiones.

– Desarrolla una actitud de agradecimiento. No lamentes lo malo, céntrate en lo bueno que puedas disfrutar. Como hemos visto a lo largo de estas páginas, es difícil para nuestro cerebro programado para sobrevivir dejar de preocuparse, pero es extremadamente gratificante cuando lo conseguimos. Para entrenar tu cerebro en positivo, repasa las técnicas detalladas en la ruta 4.

Ruta 20. Los recursos de la naturaleza abundante

Las ventajas de ser agradecido

Siglos de evidencia empírica han sugerido que la gratitud, una respuesta que implica agradecimiento y alegría, podría ser una de los caminos más directos al bienestar emocional y un elemento determinante en una vida satisfactoria. Lo confirman unos estudios recientes dirigidos por Todd Kashdan, psicólogo de la Universidad de George Mason (Estados Unidos). Curiosamente, estos sugieren que el agradecimiento es una emoción que resulta un poco más natural a las mujeres que a los hombres, que tienden a sentirse más obligados y menos agradecidos cuando reciben regalos, sobre todo si el regalo procede de otro hombre. Esto, según Kashdan, es el resultado lógico de una educación en la que los hombres se han visto obligados a ser autónomos emocionalmente hasta el punto de tener que esconder y reprimir sus emociones.

¿Cómo puedo sentir más gratitud en mi vida? Cuando te comportas de una determinada manera, preparas el terreno adecuado para que broten las emociones que quieres vivir. Por ello, si llevas a cabo una pequeña sesión de agradecimiento de unos minutos durante unos días, entrenarás tu cerebro a agradecer lo que te rodea. Puedes practicar el agradecimiento en cualquier momento. Te pongo un ejemplo personal: antes de salir en directo al plató de la tele o al estudio de la radio, rara es la vez en que no agradezco en esos segundos previos poder servir a las personas del público que nos acompaña; agradezco al director del programa la oportunidad de estar allí; agradezco al equipo su presencia y apoyo, y también, si estoy muy nerviosa, me agradezco a mí misma tener el coraje de dar la cara en ese instante para poder compartir lo que me importa con los demás. ¡Es difícil no sentirse desbordado de agradecimiento cuando te pones a ello!

- *Agradece lo que te gusta.* Dar las gracias explícitamente a los que nos rodean es otra forma sencilla de acostumbrarte a ser agradecido: expresar abiertamente, de palabra o por correo, cosas sencillas que tal vez no sueles agradecer, como la amabilidad de alguien en la oficina de correos, la paciencia del casero al que olvidaste pagar el agua, la amabilidad de una vecina que siempre atiende al cartero.
- *Agradece también lo que no te gusta tanto.* La gratitud tiene muchas facetas, y una de las más importantes es que no se aplica sólo a realidades evidentemente agradables y positivas, como un regalo, un gesto amable o el amor de nuestros seres queridos. Podemos sentir gratitud también por estar cansados y descorazonados, porque significa que hemos marcado una diferencia o que lo hemos intentado; podemos sentir gratitud por nuestros errores, porque nos enseñan lecciones

valiosas; por los retos que surgen, porque te hacen más fuerte y lleno de recursos; por los tiempos difíciles, porque te ayudan a fortalecerte; por las cosas que no sabes, porque puedes aprenderlas.

- La gratitud puede aplicarse no sólo a lo que tenemos, sino también a lo que dejamos pasar.

A veces nos encontramos en un camino sin salida y nada de lo que intentamos para lograr superar un determinado obstáculo logra facilitar nuestro paso. A lo largo de estas páginas hemos visto distintas maneras de gestionar las curvas y los baches del camino. Ante los retos pequeños y grandes de la vida hay mucho que podemos hacer, pero siempre llega el momento en el que el reto, la batalla, consume más de lo que da a cambio. Es evidente, porque lo vemos a diario, que cuando nos enzarzamos en conflictos en los que nos negamos a tirar la toalla, a veces nos compensa pero otras muchas sufrimos un desgaste que no justifica el esfuerzo. ¿Cuántas veces nos ha pasado, o hemos visto que le pasaba a personas cercanas, el cuerpo a cuerpo con la vida en el que perdemos mucho más de lo que reclamamos y deseamos?

Y es que a veces olvidamos que uno de los elementos más gratificantes cuando lo hemos intentado todo es, precisamente, no hacer nada, dejar pasar aquello que se nos resiste, distinguir entre el esfuerzo constante y pleno —que puede llenar una vida— y el empecinamiento tozudo y debilitante. Por lo general en nosotros mismos, en el caudal de emociones que nos guía ante cada reto de la vida, encontramos intuitivamente, tarde o temprano, la certeza de si merece la pena luchar por algo o alguien. Eso sólo lo podemos saber si somos capaces de conectar con nuestras necesidades con atención plena.

Ruta 21. Un viaje ligero de equipaje

Resulta curioso descubrir que el estado normal de descanso del cerebro es una corriente silenciosa de pensamientos, imágenes y memorias que no se producen por ningún estímulo externo o por un razonamiento mental, sino que emerge de forma espontánea de la mente. Un estudio reciente* confirma que cuando prestas atención plena eres más consciente de este constante ajetreo de la mente, comparable a una programación por defecto que quizá sirva para conectar distintas experiencias y residuos emocionales y organizarlos mentalmente.

Vivir el presente, sin embargo, es un verdadero reto para una sociedad como la nuestra que basa su economía y su forma de vida en la distracción crónica y padece por tanto un cierto desorden de atención y de hiperactividad colectivo. Explica Jon Kabat-Zinn, catedrático de Medicina y director de la Clínica para la Reducción del Estrés de la Universidad de Massachusetts, que sólo disponemos de momentos fugaces y encadenados en los que vivir el presente; el pasado y el futuro son sólo conceptos que nos distraen de la realidad de cada instante. Aprender a vivir en el presente sin intentar dirigirlo conscientemente no es una crítica al pensamiento racional sino un reconocimiento de que también necesitamos crear espacios humildes y abiertos, donde podamos suspender los elementos de juicio racional que pueden entorpecer o contaminar la intuición, la creatividad y la imaginación. Tal vez por ello decía Albert Einstein que «el intelecto tiene poca cabida en la ruta del descubrimiento. La conciencia da

* Dirigido por el profesor Jim Lagopoulos, de la Universidad de Sydney, en Australia, junto con investigadores de la Universidad Noruega de Ciencia y Tecnología.

un salto, llámalo intuición o lo que quieras, y la solución te llega, y no sabes cómo ni por qué».

La mente humana, como vimos en la ruta 10, tiene un inconsciente poderoso y dominante programado en la infancia, muy dependiente de las creencias y juicios de nuestro entorno. Freud afirmaba que el inconsciente es donde almacenamos y reprimimos ideas socialmente inaceptables, deseos, memorias traumáticas y emociones dolorosas, aunque hoy sabemos que los contenidos del inconsciente no tienen por qué ser siempre negativos. En cualquier caso, nuestras vidas reflejan la mayor parte del tiempo esa programación inconsciente y, si es negativa —por ejemplo, si prima el miedo a lo que los demás piensen de nosotros, a no ser amados o respetados...—, tendemos a generar experiencias que encajan con esta programación emocional.

- ¿Podemos salir del círculo vicioso de las programaciones inconscientes negativas?

Podemos, pero hay que trabajar la mente como hemos aprendido a trabajar el cuerpo, ¡con tesón y esfuerzo! De la misma manera que sólo desear o decir que vas a hacer ejercicio y a comer de forma sana es necesario pero no suficiente para conseguir un cuerpo sano, querer tener una actitud positiva es obligado pero no suficiente para lograr cambiar los hábitos mentales grabados química y eléctricamente en nuestro cerebro. Afortunadamente podemos trabajar la mente con técnicas que nos ayudan a reprogramar y cambiar hábitos —hay un excelente vídeo sobre la meditación en cualquier lugar y cualquier momento llamado «One-moment Meditation» y disponible en YouTube—, pero se tiene que hacer de forma constante y repetitiva hasta lograr cambiar el hábito mental. En este sentido, las investigaciones más punteras (por ejemplo, las que se llevan a cabo en el laboratorio de neurociencia afectiva de Richard Davidson, en Wisconsin, Estados Unidos) confirman el poder del pensamiento para cambiar las estructuras biológicas del cerebro, es decir, para reprogramarlo.

• ¿Cómo puedo transformar mi mente?
Podemos acceder y transformar una parte de lo que esconde nuestra mente inconsciente, por ejemplo, con los métodos clásicos que ofrece el psicoanálisis (con técnicas como la libre asociación, el análisis de los sueños o descifrando las señales verbales y no verbales, muchas de ellas descritas en las rutas 10 y 11) o recurriendo a las terapias de distintas escuelas. Pero una forma eficaz para empezar a comprender y transformar nuestras vidas es un método de autogestión mental que tiene dos mil años de antigüedad en Oriente y que en los últimos tiempos se está popularizando y estudiando en los laboratorios en Occidente. Hablamos de la meditación o atención plena.

Vivir con atención plena

• ¿Qué es la atención plena?*
La atención plena es la capacidad de centrar la atención en el presente, gestionando la tendencia de la mente a divagar hacia el pasado o el futuro. Hay muchísimas técnicas de atención plena, y las más sencillas, a las que

* El vídeo «Mindfulness Google», visible en YouTube, nos abre un taller de atención plena que Jon Kabat-Zinn impartió en 2007 para Google. Es uno de los mejores ejemplos de atención plena, práctico y concreto, que existen en la red.

puede acceder cualquier persona que quiera experimentarlas, suelen estar basadas en la práctica de la respiración. El psiquiatra Dan Siegel sugiere una técnica muy eficaz antes de empezar una sesión de atención plena: «Pon tu atención en la pared que tienes a tus espaldas. Ahora, pon tu atención en la pared que tienes enfrente. Ahora trae tu atención al centro de la habitación. Ahora llévala dentro de ti». Con este sencillo ejercicio nos damos cuenta de que podemos elegir dónde va nuestra atención, que no tiene por qué ser asaltada por cualquier estímulo externo que surja. Dónde pones tu atención es una elección. Cuando te centras con atención plena, tu atención actúa como un microscopio que te permite focalizar y ampliar como un *zoom*, y por tanto percibir mejor el presente.

- ¿Qué ventajas tiene la atención plena?

Podemos crear nuevos caminos neurales a través de la atención plena, comprobados con la ayuda de las técnicas de imagen actuales. Un cambio importante, por ejemplo, se da en aquellas áreas del cerebro que reconocen y responden a los estímulos del dolor; y también en el sistema límbico, el área que controla muchos de los procesos mentales y físicos que ocurren por debajo del umbral de la conciencia. Los beneficios fisiológicos que pueden derivarse de las prácticas de atención plena son múltiples, entre ellos el alivio de los síntomas del estrés, medido de forma objetiva tras sesiones de meditación sencillas, y que no requieren un entrenamiento complicado.

Estas prácticas también cambian la frecuencia de nuestras ondas cerebrales, producidas por la actividad eléctrica del cerebro. Cuando estamos despiertos nuestra mente tiende al estado beta, unas ondas rápidas que al acelerarse revelan mayor estrés, agitación, preocupación y tendencia a la negatividad. Cuando meditas o duermes, las ondas cerebrales se calman y entran en estado alfa, theta o delta, en los que es difícil sentirse preocupado o agitado. También existen una ondas difíciles de capturar mediante un encefalograma llamadas gamma, las más rápidas del cerebro y asociadas a una mayor actividad mental, que generan destellos de brillantez e intuiciones asociadas a momentos de extrema concentración y atención.

- ¿Dónde se han comprobado estos efectos?

En diversos estudios en todo el mundo, aunque algunos de los ejemplos más conocidos proceden del Laboratorio de Neurociencia Afectiva del neurocientífico Richard Davidson. En 2002, Davidson puso ciento veintiocho electrodos en la cabeza de un experimentado monje budista de origen francés, Matthieu Ricard, y le pidió que meditara sobre la compasión. Inesperadamente, la actividad gamma del cerebro del monje se disparó visiblemente a la vez que aparecían indicadores que suelen darse en personas que están bajo los efectos de la anestesia. Los investigadores se enfrentaban por primera vez a este tipo de datos y para verificarlos ampliaron el estudio a más monjes y a un grupo de control de estudiantes que no tenían experiencia meditando. Los monjes producían ondas gamma treinta veces más potentes que las de los estudiantes. También activaban más áreas de sus cerebros, especialmente la corteza prefrontal izquierda, que genera determinadas emociones positivas, como el entusiasmo y la alegría.

Las implicaciones de estos estudios han sido determinantes para terminar de disolver la creencia que hemos arrastrado durante décadas acerca de un cerebro supuestamente rígido e incapaz de cambiar, y ha fomentado numerosas investigaciones sobre la plasticidad cerebral, muchas de ellas dedicadas a concretar las posibilidades de entrenar y modificar el cerebro deliberadamente a través del pensamiento y del comportamiento. En las últimas dos décadas ya veníamos comprobando que el entrenamiento intensivo modifica las estructuras cerebrales, como en el caso del cerebro de los violinistas; en estos, el área del cerebro que corresponde a sus dedos cuando pisan las cuerdas del instrumento es mayor que la parte del mismo afecta a la mano que lleva el arco. ¿Y si ese potencial pudiese trasladarse para trabajar de forma rutinaria los centros emocionales del cerebro, como logran hacer los monjes cuando expresan determinadas emociones como la compasión? ¿Se puede trabajar una emoción como se trabaja un músculo? Tenemos abierto un campo extraordinario de cara al entrenamiento de las respuestas emocionales negativas y positivas de forma preventiva y educativa.

- ¿De qué otras formas puedo transformar mi mente, sobre todo la parte inconsciente que no comprendo fácilmente?

  Una de las formas para acceder a la mente inconsciente es trabajando con las imágenes que llenan nuestra cabeza. Elige en qué imágenes quieres fijarte: ¿en viejas y conocidas imágenes que te están causando confusión y dolor, o en nuevas imágenes que puedan ayudarte a cambiar tu programación mental? Recuerda que podemos elegir dónde ponemos nuestra atención. Los niños tienen una capacidad espontánea para focalizar su atención en distintas imágenes, pero los adultos tendemos a una mayor rigidez cerebral. Para mejorar nuestra flexibilidad resulta útil la visualización, que aprovecha una curiosa y poética capacidad cerebral: pensamos con símbolos.

- ¿Qué es el pensamiento simbólico?

El pensamiento simbólico es la representación de la realidad a través de conceptos abstractos como palabras, dibujos, gestos o números. Gracias a esta capacidad podemos ver una señal de tráfico redonda con una raya roja y saber que significa «prohibido»; mirar una bandera y comprender que representa «mi país»; ver una mochila y asociarla a «las cosas con las que yo cargo».

- ¿De qué me sirve pensar con símbolos?

El pensamiento simbólico es muy importante porque nos permite gestionar un mundo complejo. También nos da una puerta de entrada a la mente inconsciente, porque podemos hablarle con imágenes que encierran un mensaje que tal vez no seríamos capaces de transmitir de forma explícita.

Un ejemplo: piensa en alguna experiencia difícil que no logras comprender del todo. Ya sabes que para superar nuestras experiencias difíciles tenemos que lograr aprender una lección de ellas, a fin de poder encajarlas en el guion de nuestra vida.

- ¿Qué pasaría si simplemente me resigno a lo que me molesta o me duele y no pienso más en ello?

Sería estupendo aunque no funciona así: cuando te resignas lo que estás haciendo es almacenar en algún lugar callado de tu mente una experiencia que te seguirá afectando negativamente porque te genera desconfianza, tristeza o prejuicio, que seguirán vivos dentro de ti, a pesar de que no te permitas expresarlos. Aunque pueden parecer lo mismo, la resignación y la aceptación son completamente diferentes. Cuando te resignas, hay pérdida de control y tristeza porque no has podido decidir. La aceptación en cambio implica una gestión de la situación: tú decides, no lo que viene a ti, sino cómo lo encajas en tu vida. Cuando aceptas haces un ejercicio deliberado y consciente por asimilar cada experiencia.

A veces nos molestan cosas nimias, palabras o decepciones que arrastramos en nuestra mochila. ¿Existe alguna técnica que nos ayude a asimilar y dejar ir nuestras experiencias negativas, pequeñas o grandes? Te propongo ayudar a tu cerebro a no desgastarse en experiencias y problemas que no puede solventar. Para ello utilizaremos una técnica sencilla, adaptable a mayores o niños, que emplea la capacidad simbólica del cerebro.

Una mochila para el universo

- *Imagina que tienes una mochila* (como el cerebro no distingue bien entre realidad y ficción, no hace falta tener mochila, puedes imaginarla). Dale el color, el tamaño y la forma que prefieras.
- *Piensa en la experiencia, las palabras, la decepción o las pérdidas que te están pesando.* Puedes elegir un objeto para simbolizarlas. Por ejemplo, si has roto con tu novia y ella solía llevar guantes rojos, puedes pensar en unos guantes rojos para simbolizarla.
- *¿Qué he aprendido de esta experiencia?* Sabemos por multitud de estudios que aprender una lección de cada experiencia es uno de los elementos que más ayuda a superar la tristeza. ¿Eres más sabio, más compasivo, comprendes mejor lo que necesitas, tienes alguna prioridad más clara de cara al futuro, has aprendido a perdonar, has crecido o mejorado de alguna manera? Si necesitas ayuda profesional para lograr este aprendizaje, intenta conseguirla.

- *Meto mi experiencia en la mochila y se la devuelvo al universo.* Metemos el objeto que simboliza nuestra experiencia en nuestra mochila imaginaria y se la devolvemos al universo. Con esto estamos dando una orden sencilla y gráfica al cerebro: he aprendido una lección de esta experiencia y ahora la «dejo ir», no necesito revivirla, confío en que esta experiencia me ha servido para crecer y no deseo cargar más con ella.

Cambiar, comprender y transformar no es tan difícil como tememos, aunque a menudo resulte arduo afrontar los procesos de cambio porque asustan a nuestro cerebro programado para sobrevivir y protegerse. Cambiar, para este cerebro miedoso, implica una posible pérdida, aunque ésta pudiera ser necesaria y beneficiosa para nosotros. Por ello solemos resistirnos a los cambios, porque despiertan inseguridades a las que instintivamente nos resistimos. Por ello, los entornos de crisis personal y social suelen ser propicios para que se den cambios, porque la elección entonces es o bien cambiar, o seguir soportando el sufrimiento derivado de la situación de crisis. Aunque algunos se atrincheran en su dolor, muchos consiguen afrontar sus cambios vitales tarde o temprano. Somos más ligeros y flexibles de lo que creemos porque estamos programados para conquistar y descubrir, y por ello tenemos más poder del que solemos reconocer sobre nuestras derivas individuales y colectivas.

Einstein dijo que un problema no puede solucionarse al mismo nivel ni desde la misma perspectiva en los que fue creado. En este sentido las crisis, que desgraciadamente traen incertidumbre y destrucción a la vida diaria de tantas personas, son una oportunidad para que construyamos los cimientos de cambios profundos que difícilmente podrían darse en circunstancias de bonanza. La experiencia de lo aprendido a lo largo de siglos, en la naturaleza y en las civilizaciones, desvela que las crisis potencian la evolución y que cambios que parecían difíciles o imposibles pueden darse incluso relativamente deprisa. A estos cambios, sin embargo, actualmente se resisten en buena medida nuestras estructuras sociales, políticas, económicas y religiosas, empeñadas en su propia supervivencia.

Una de las creencias más arraigadas del viejo mundo que colea es que la abundancia es tener más que nadie, un lema radical que implica que el dinero tiene derecho a marcar las reglas de nuestra convivencia. Tendremos que aceptar, a la luz de lo que estamos aprendiendo acerca del bienestar físico y emocional de las personas, que el dinero por encima de un umbral medio ocupa un lugar modesto en nuestra felicidad y que su consecución no puede estar reñida con la consolidación de entornos educativos, afectivos y laborales que alimenten las necesidades humanas básicas de afecto, seguridad, creatividad y bienestar.

Nuestro siglo se caracteriza como ningún otro por la rapidez con la que intercambiamos información y por la facilidad con que las ideas colectivas e individuales pueden viajar y contagiarse. Nunca como hasta ahora una sola persona ha podido de la noche a la mañana impactar e influir sobre los demás, porque puede subirse a una plataforma digital y hacerse escuchar, para bien o para mal. Vivimos además una época de democratización del conocimiento que potencia las posibilidades de que la creatividad humana se multiplique en todos los ámbitos. Aunque a veces cueste creerlo, los datos objetivos revelan que caminamos hacia sociedades más transparentes, más pacíficas, más colaborativas y más justas, donde más personas, educadas para gestionar un cerebro complejo que estamos aprendiendo a potenciar, podrán ser partícipes de la evolución del mundo que compartimos.

Cada niño y cada adulto deberían celebrar la magia de nacer y de ser únicos, de poder hacer tanto bien o tanto mal. Celebrar los misterios de la física cuántica y de las partículas que se comunican fantasmagóricamente. Celebrar la magia de despertar cada mañana en un minúsculo planeta cubierto por un manto de vida verde que cruza el espacio a doscientos cincuenta kilómetros por segundo, y también la magia de que a su vida puedan llegar otros seres que de repente lo comprendan y le amen. Celebrar que haya flores y frutas para saciar su hambre, y agua para apagar su sed. Celebrar que escrutemos impacientes el universo con inmensos telescopios buscando más vida, que nos preguntemos incesantemente qué nos espera después de la muerte, que inventamos canciones y enlazamos palabras hasta crear poemas. ¿Hay mayor magia que todo lo que nos rodea a diario?

Si lográsemos vivir y educar a nuestros hijos con los ojos abiertos a la realidad misteriosa y palpitante, si supiésemos transmitirles el regalo que supone estar inmersos en tanta belleza y tanto misterio, no nos haría falta acumular todo lo inexplicable del mundo en supersticiones y respuestas cerradas que niegan la magia que nos rodea. No necesitaríamos infinitas distracciones y una exagerada acumulación de bienes, imágenes y sensaciones para disfrutar de la abundancia de la vida. Si fuésemos justos y observadores, sabríamos sin dudarlo que la verdadera magia se esconde en este universo deslumbrante que poco a poco estamos logrando descifrar.

AGRADECIMIENTOS

Algunos de los textos que aparecen en este libro tienen su punto de partida en los guiones que a lo largo de los últimos años he realizado para *El Hormiguero* y el programa de RNE *Afectos en la noche*, además de en los artículos que he escrito para, entre otras, la revista *Telva*. Sin el esfuerzo de sistematización que tuve que llevar a cabo para divulgar mi trabajo en los medios de comunicación y sin el apoyo de los diferentes equipos que los integran, quizá este libro no habría sido posible. Quisiera también aquí agradecer la excelencia, dedicación y entusiasmo del equipo de Destino que ha asumido la tarea de editar este libro, de forma muy especial a mi editor, Ramon Perelló, cuyo afecto y persistencia han hecho posible que estas páginas estén hoy en sus manos.